普通高等教育“十二五”规划教材

机械制图实践教程

主　编　张绍群　史振萍
副主编　姚俊红　孟俊焕
参　编　苏文海　桑永英　刘冬梅　王泽河
主　审　董国耀

机械工业出版社

本书是与张绍群、王泽河主编的《机械制图》配套的绘图实践部分，其各章节顺序、内容与教材完全一致。本书主要内容包括：投影的基本知识，点、直线和平面的投影，立体及其表面上点和线的投影，机械制图的基本知识和技能，组合体，轴测图，机件的图样画法，常用的标准件、齿轮与弹簧，零件图，装配图，表面展开图，焊接图。

本书配有教师版和学生版答案，请需要者与 zhitu2007@sina.com 联系、索取。

本书可供高等工科院校机械类、近机械类及理工科类相应专业作为教材使用，也可作为高职高专等院校相应专业的教学用书，还可供函授大学、电视大学等学校相关专业选用。

图书在版编目（CIP）数据

机械制图实践教程/张绍群，史振萍主编. —北京：机械工业出版社，2013.9（2017.8重印）

ISBN 978-7-111-42763-6

Ⅰ.①机… Ⅱ.①张…②史… Ⅲ.①机械制图-教材 Ⅳ.①TH126

中国版本图书馆 CIP 数据核字（2013）第 127716 号

机械工业出版社（北京市百万庄大街 22 号 邮政编码 100037）

策划编辑：刘小慧 责任编辑：刘小慧 章承林 版式设计：霍永明

封面设计：张 静 责任校对：卢惠英 李 婷 责任印制：孙 炜

北京玥实印刷有限公司印刷

2017 年 8 月第 1 版第 4 次印刷

370mm×260mm · 11 印张 · 262 千字

标准书号：ISBN 978-7-111-42763-6

定价：25.00 元

凡购本书，如有缺页、倒页、脱页，由本社发行部调换

电话服务	网络服务
社服务中心：（010）88361066	教 材 网：http://www.cmpedu.com
销 售 一 部：（010）68326294	机工官网：http://www.cmpbook.com
销 售 二 部：（010）88379649	机工官博：http://weibo.com/cmp1952
读者购书热线：（010）88379203	**封面无防伪标均为盗版**

前　　言

本书与张绍群、王泽河主编的《机械制图》教材相配套使用。其各章节顺序、内容与《机械制图》完全一致。本书是根据机械工程学科发展的需要，以科学性、先进性、系统性和实用性为主导思想，以培养具有创新思维和能力的应用型人才为目标，遵照2010年国家教育部工程图学教学指导委员会修订的“普通高等院校工程图学课程教学基本要求”而编写的。书中涉及的制图国家标准全部采用最新国家标准。编写人员均为长期从事一线教学工作、具有丰富教学经验的老师。本书遵照以“应用型”教材的特点为基础，渗透“创新”为指导思想，通过实践指导对实践内容进行了归纳总结；实践内容紧扣教材，覆盖教材所有内容。本书在习题类型全面的基础上，适度增加典型的、突出重点内容的习题，同时使同类型习题的难易程度形成梯度。习题难度适中，适度安排难度大的习题。

本书由张绍群、史振萍主编，姚俊红、孟俊焕担任副主编，张绍群统稿。参加编写的人员有：苏文海、桑永英、刘冬梅、王泽河。各章节的编写分工为：前言、第1、2章由东北林业大学张绍群编写；第3、6章由东北农业大学刘冬梅编写；第4、8章由德州学院姚俊红编写；第5章由东北农业大学苏文海编写；第7章由河北农业大学桑永英编写；第9章由河北农业大学王泽河编写；第10章由德州学院史振萍编写；第11、12章由德州学院孟俊焕编写。

本书在编写过程中，参考了国内的许多机械制图习题集，编者已将书名、主编等列于书后的参考文献。另外，本书承蒙北京理工大学董国耀教授审阅，他对本书提出了许多宝贵意见和建议。在此特向他们表示衷心的感谢！

由于编者水平有限，不妥之处在所难免，衷心希望广大读者批评指正。

编　者

目　　录

第 1 章　投影的基本知识

实 践 指 导

本章主要学习投影的基本概念、基本理论和正投影的基本性质以及工程上常用的投影图，从而了解投影的基本知识。

1. 实践目的　建立投影的基本概念，了解投影法的概念、分类，掌握正投影的基本性质。

2. 基本要求

1）初步掌握投影法的基本概念。

2）了解投影法的种类。

3）掌握正投影法的基本原理及基本特性。

4）了解工程上常用的投影图。

3. 实践的要点和方法

1）建立投影的概念。

2）掌握正投影的基本特性。真实性、积聚性和类似性这三个正投影的基本特性是一切作图的基础。

4. 实践举例

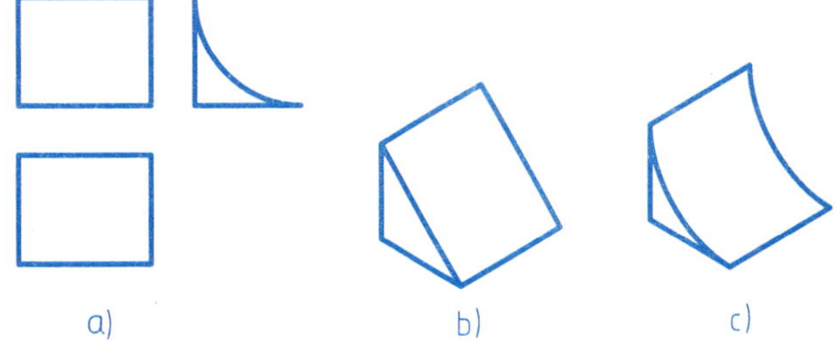

图 1-1　由三视图找出相应立体图

例： 如图 1-1a 所示，由物体的三面投影找出相应的立体图。

解： 根据正投影的基本性质来判断。

根据图 1-1a 所示的正面投影和水平投影，判断物体为四棱柱或立方体及圆柱；但由侧面投影可确定该三面投影表示的是图 1-1c 所示的物体。

实 践 内 容

1. 由物体的三个投影找出相应的立体图。

（1）

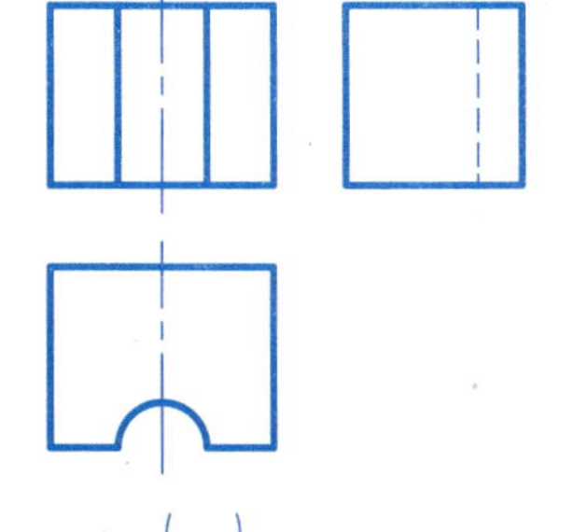

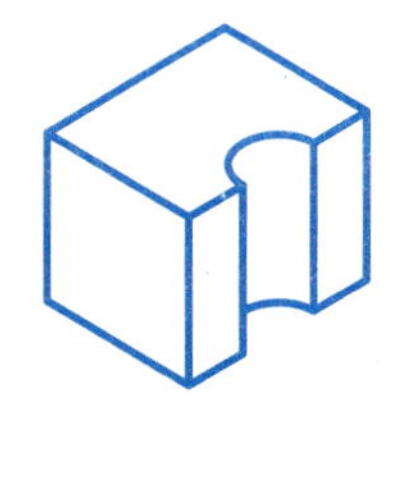

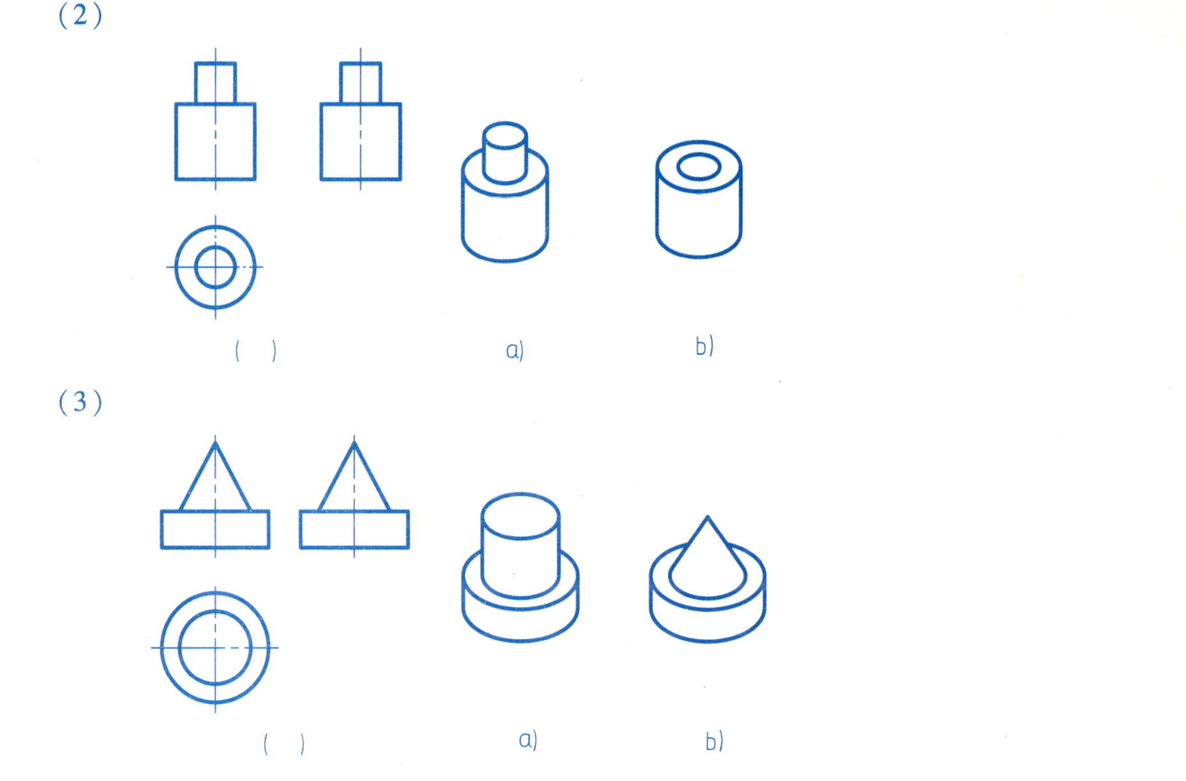

2. 观察各形体的立体图，找出与其相对应的投影图，在下面的括号内填写对应的字母。

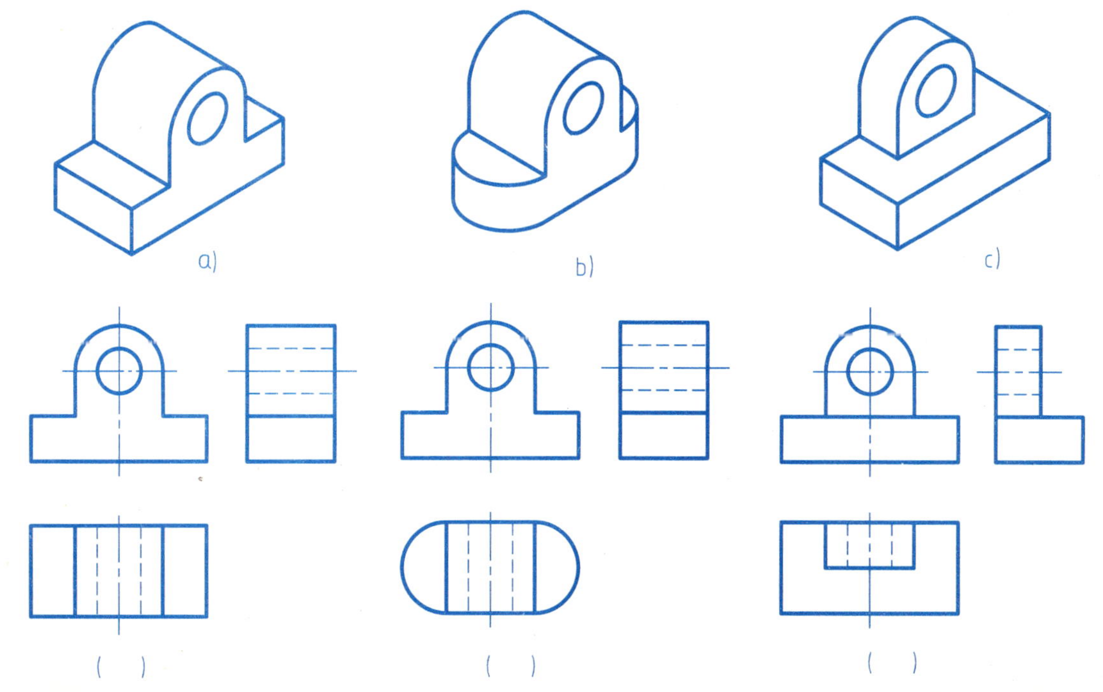

第 2 章　点、直线和平面的投影

实践指导

本章主要学习空间的点、直线和平面在投射方向垂直于投影面的条件下用平面图形来表达的一种方法——正投影法，这种方法是绘制工程图样的基础。

1. 实践目的

机械制图主要是培养学生根据二维平面图形表达三维空间物体的能力，将空间形体表达在平面上。点、直线和平面是组成立体表面的基本几何元素。研究空间立体的投影，首先就要研究这些基本几何元素的投影规律和作图方法。因此，本章的实践目的是巩固空间点、直线和平面的投影特性知识。

2. 基本要求

1）掌握点的投影特性，能由点的两面投影求出第三面投影。

2）能根据点的投影判断点的相对位置。

3）掌握各种位置直线的投影特性，能根据直线投影判断其空间位置。

4）掌握空间两直线的投影特性，能根据两直线投影判断其空间相对位置。

5）掌握各种位置平面的投影特性，能根据平面的投影判断其空间位置。

6）掌握在平面上取点和直线的方法。

3. 实践的要点和方法

（1）点的投影特性

1）正面投影与水平投影的连线垂直于 X 轴。

2）正面投影与侧面投影的连线垂直于 Z 轴。

3）水平投影到 X 轴的距离等于侧面投影到 Z 轴的距离。

（2）求点、线和平面的投影的方法

1）点的投影：利用点的投影特性作图。

2）直线的投影：求直线上两个端点的投影，然后连成直线。

3）平面的投影：求平面图形上各个顶点的投影，然后依次用直线连接起来。

（3）各种位置直线的投影特性

1）投影面平行线的投影特性：在所平行的投影面上的投影反映实长，与投影轴的夹角反映与相应的投影面的夹角；另两个投影分别平行于相应的投影轴，且小于实长。

2）投影面垂直线的投影特性：在所垂直的投影面的投影积聚成一点；另两投影垂直于相应的投影轴，且反映实长。

3）投影面倾斜线的投影特性：三个投影均与投影轴倾斜。

4）空间两直线相对位置的投影特性：平行、相交、交叉的投影特性（见主教材）。

（4）各种位置平面的投影特性

1）投影面平行面的投影特性：一个投影为实形（真实性），另两个投影为平行或垂直投影轴的直线（积聚性）。

2）投影面垂直面的投影特性：一个投影为直线并与投影轴倾斜（积聚性），另两个投影为该平面的类似形（类似性）。

3）投影面倾斜面的投影特性：三个投影均为类似形（类似性）。

4. 实践举例

例 2-1：在图 2-1 中判断 SA、SB、SC、AC 在空间是什么位置的直线？平面△SAB、△SBC、△SAC 各是什么位置的平面？

解：根据直线和平面的投影规律来判断。

根据 SA 的两面投影均与 X 轴倾斜，可判断 SA 为一般位置直线；根据 SB 的两面投影均与 X 轴垂直，可判断 SB 为侧平线；根据 SC 的两面投影均与 X 轴倾斜，可判断 SC 为一般位置直线；根据 AC 的两面投影均与 X 轴平行，可判断 AC 为侧垂线。

根据△SAB 的两面投影均为三角形，且平面内不含侧垂线，可判断△SAB 为一般位置平面；根据△SBC 的两面投影均为三角形，且平面内不含侧垂线，可判断△SBC 也为一般位置平面；根据△SAC 平面上的一条直线 AC 为侧垂线，可判断△SAC 为侧垂面。

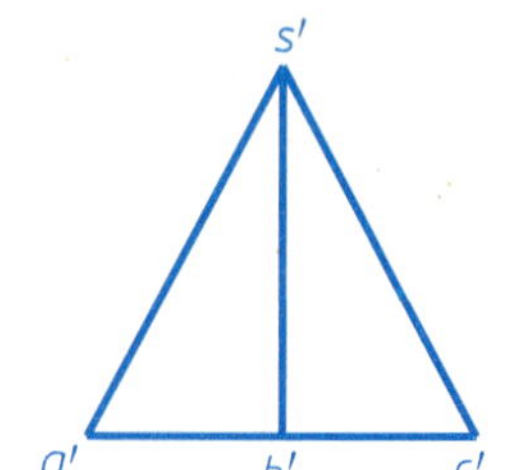

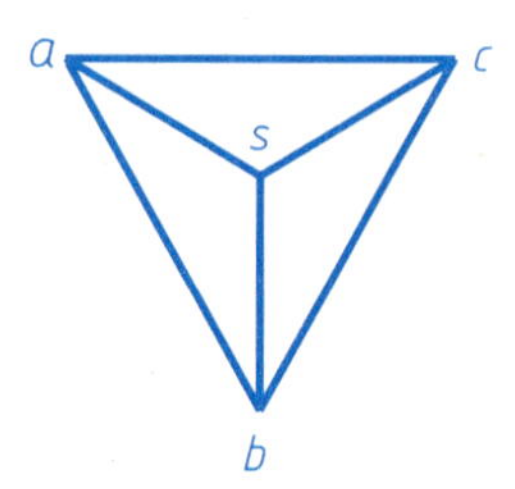

图 2-1

例 2-2：如图 2-2a 所示，已知 AD 为正平线，试补全平面图形 $ABCDE$ 的水平投影。

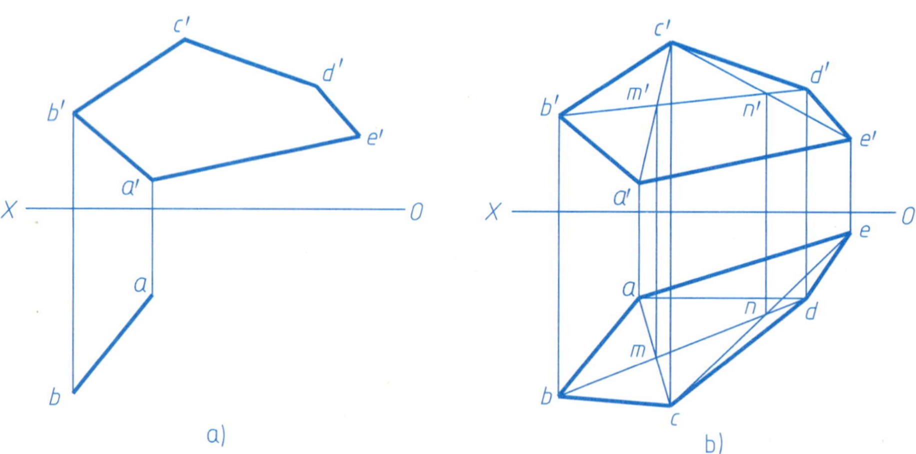

图 2-2

解：如图 2-2b 所示，根据在平面上取点和直线的方法作图：

1）过 a 作 OX 轴的平行线与过 d'所作投射线交于 d。

2）连接 $a'c'$、$b'd'$，交于 m'，过 m'作投射线与 bd 交于 m。

3）连接 am 并延长与过 c'，所作的投射线交于 c。

4）连接 $a'e'$、$b'd'$，交于 n'；过 n'作投射线与 bd 交于 n。

5）连接 cn，与过 e'所作投射线交于 e；顺次连接 $bcdea$。

实践内容

2.1 点的投影

班级　　　　　　姓名　　　　　学号

2.1-1 按照立体图作各点的三面投影图。

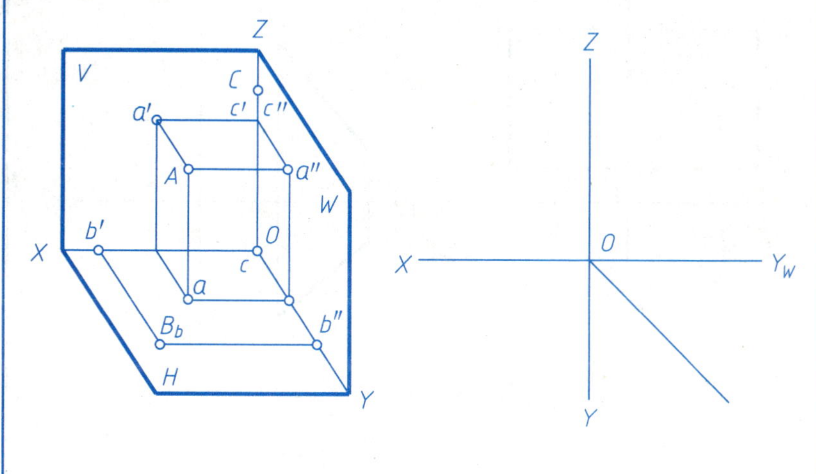

2.1-2 已知下列各点的两个投影，求其第三投影，并填空。

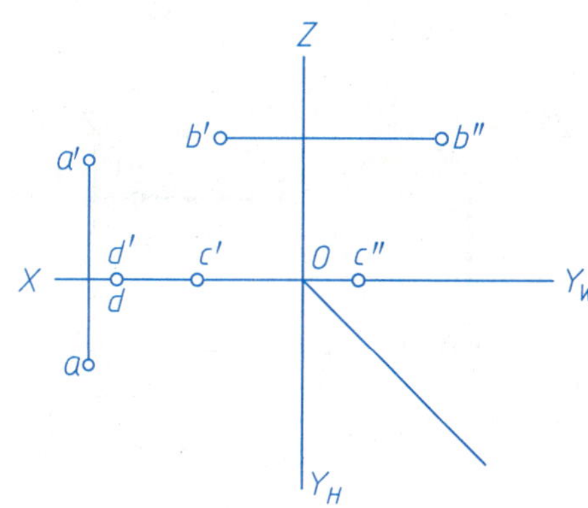

点 A 在点 B 的____、____、____方；
点 D 是位于____________的点；
点 C 是位于____________的点。

2.1-3 已知点 A（25，15，20）；点 B 距 W、V、H 面分别为 20mm、10mm、15mm；点 C 在点 A 之左 10mm、之前 15mm、之上 12mm；点 D 在点 A 之上 5mm，且与 H、V 面等距，距 W 面 12mm。求作各点的三面投影。

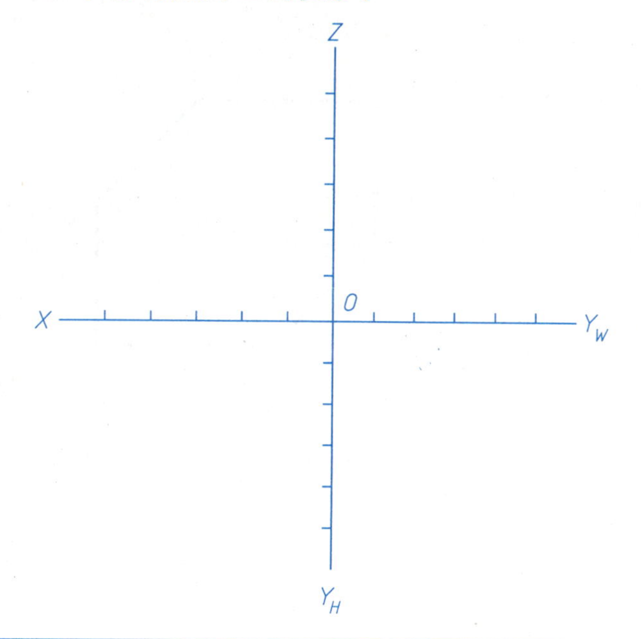

2.1-4 判断 A、B 两点的相对位置。

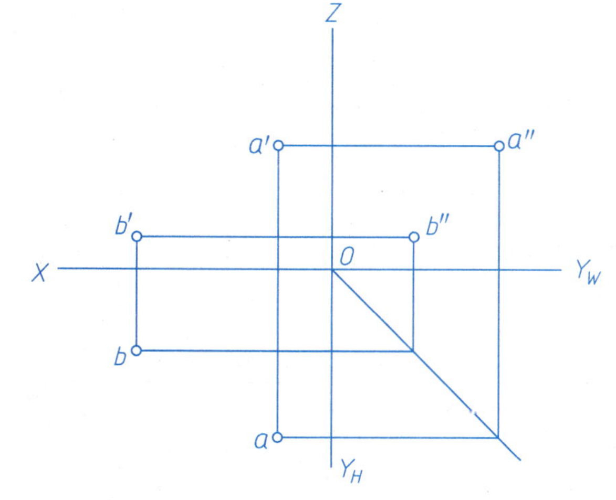

点 A 在点 B 的____方；
点 A 在点 B 的____方；
点 A 在点 B 的____方。

2.1-5 根据 A、B、C 三点到投影面的距离，画出它们的三面投影图和立体图。

	距 V 面	距 H 面	距 W 面
A	20mm	10mm	25mm
B	10mm	30mm	0mm
C	15mm	15mm	10mm

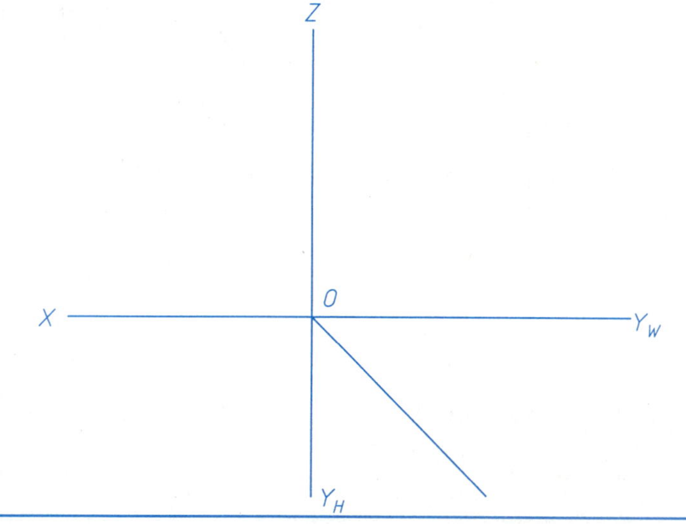

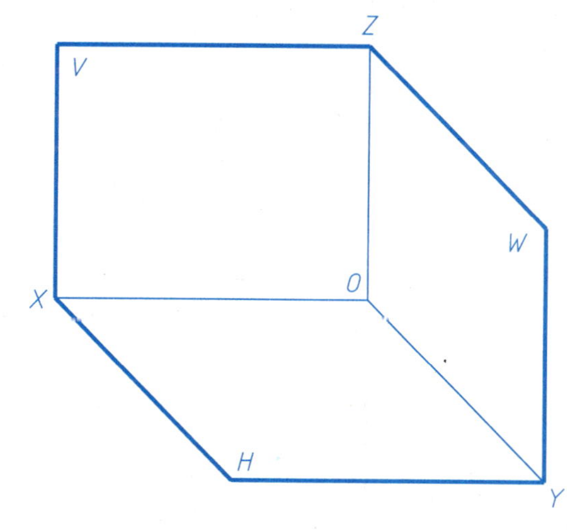

2.2 直线的投影（1）

班级　　　　姓名　　　　学号

2.2-1 已知线段 *AB* 的两端点为 *A*（10，8，4），*B*（3，3，5），试作出线段 *AB* 的三面投影及直观图（只画出 *ab* 和 *AB*）。

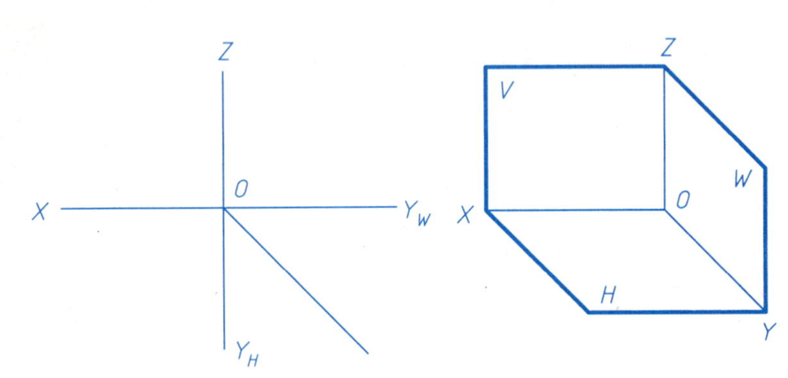

2.2-2 求下列各直线的第三面投影；并判别直线的空间位置。

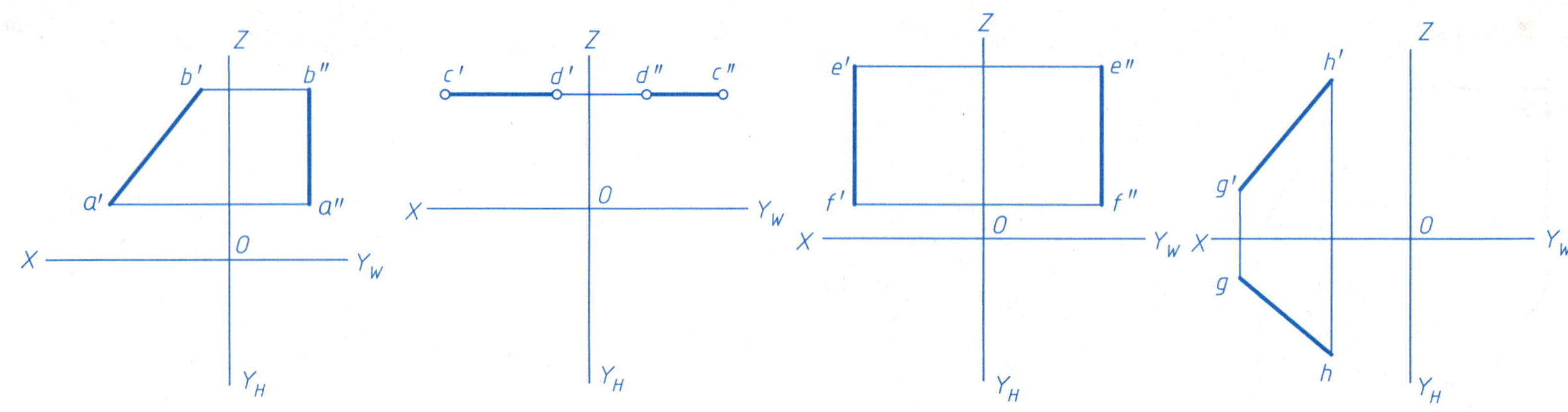

AB 是________线；　*CD* 是________线；　*EF* 是________线；　*GH* 是________线。

2.2-3 求直线 *AB* 上点 *K* 的水平投影 *k*。

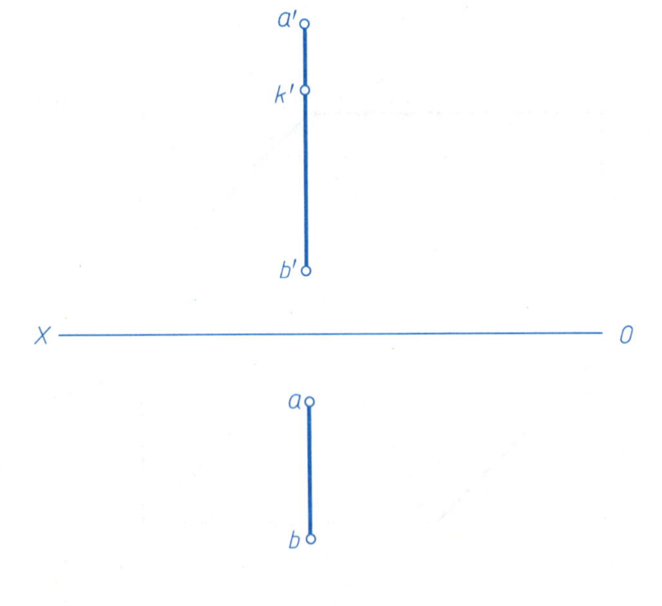

2.2-4 对照立体图在投影图中标出 *AB*、*BC*、*CD*、*DE* 的投影，并说明它们各是何种位置的直线。

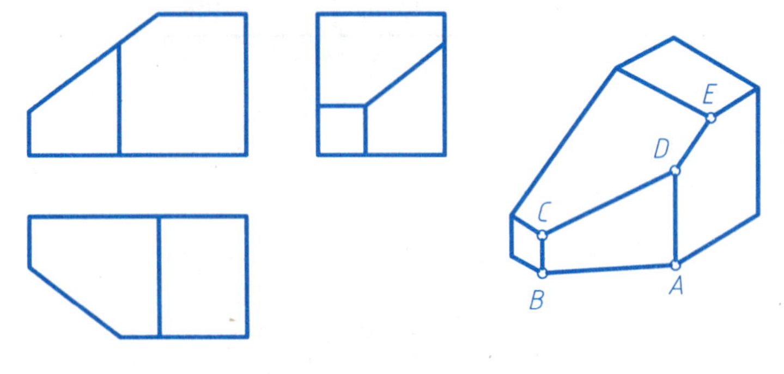

AB 是________线；*BC* 是________线；
CD 是________线；*DE* 是________线。

2.2-5 作下列直线的三面投影：（1）水平线 *AB*，从点 *A* 向左、向前，$\beta=30°$，长 20mm；（2）正垂线 *CD*，从点 *C* 向后，长 15mm。

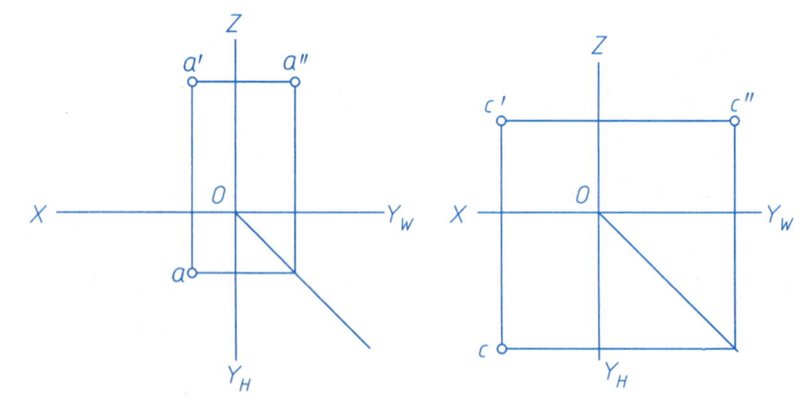

2.2　直线的投影（2）

班级　　　　　　　　姓名　　　　　学号

2.2-6　已知水平线 AB 在 H 面的上方 25mm，求作它的其余两面投影，并在该投影上取一点 K，使 $AK=20$mm。

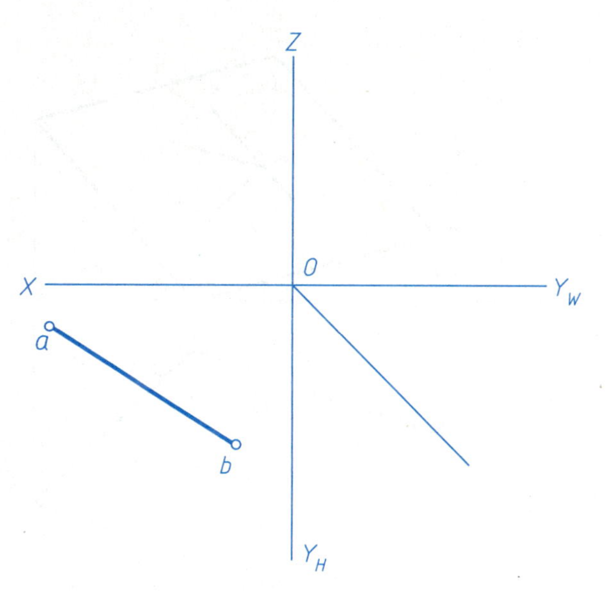

2.2-7　判断两直线的相对位置。

AB、CD 是________线；GH、KL 是________线；

AB、EF 是________线；GH、MN 是________线；

CD、EF 是________线；KL、MN 是________线。

2.2-8　判别两交叉直线重影点的可见性，并标注在投影图上。

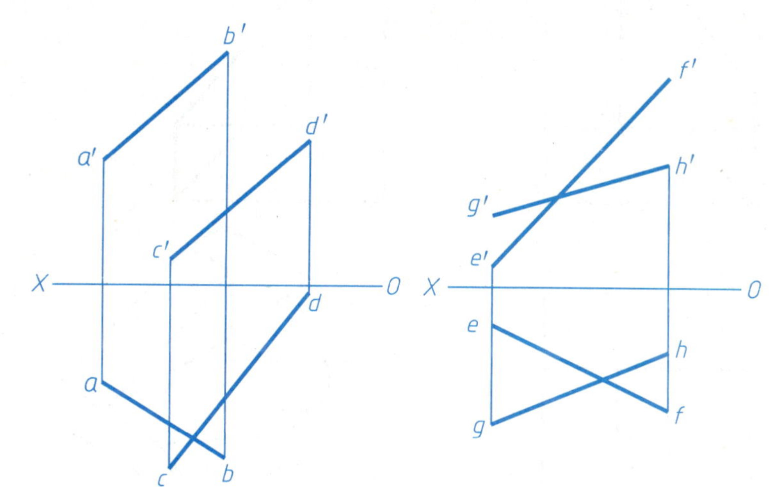

2.2-9　由点 A 作直线 AB 与直线 CD 相交，并使交点距 H 面 12mm。

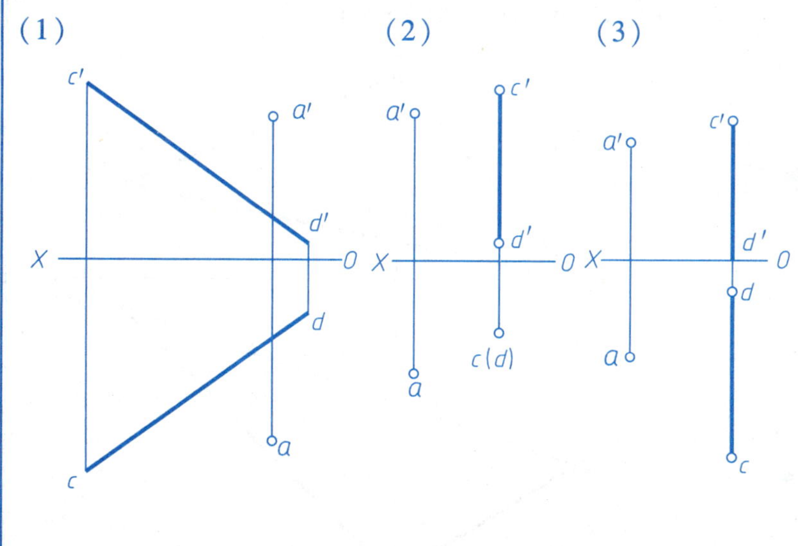

2.2-10　作一直线 MN，使 $MN/\!/AB$，且与直线 CD、EF 相交。

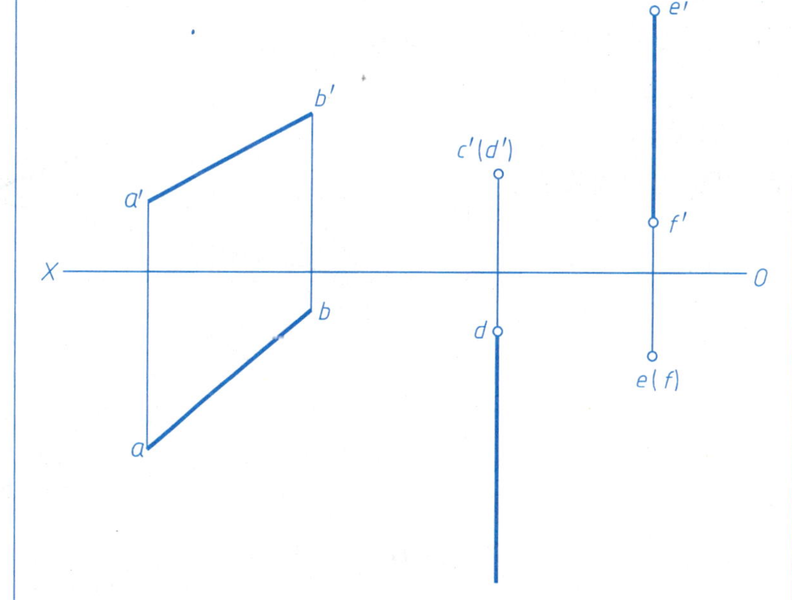

2.2-11　作一直线 MN，使其与已知直线 CD、EF 相交，同时与已知直线 AB 平行（点 M、N 分别在直线 CD、EF 上）。

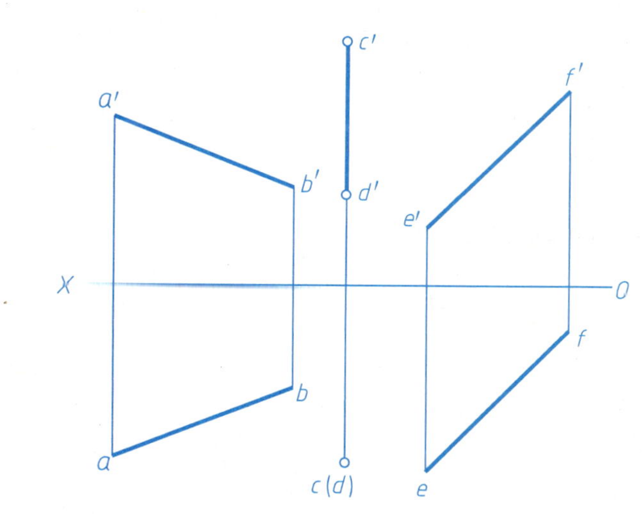

2.3 平面的投影

班级　　　　姓名　　　　学号

2.3-1 根据立体图，在投影图中标出 A、B、C、D 各面的三面投影，并说出其名称。

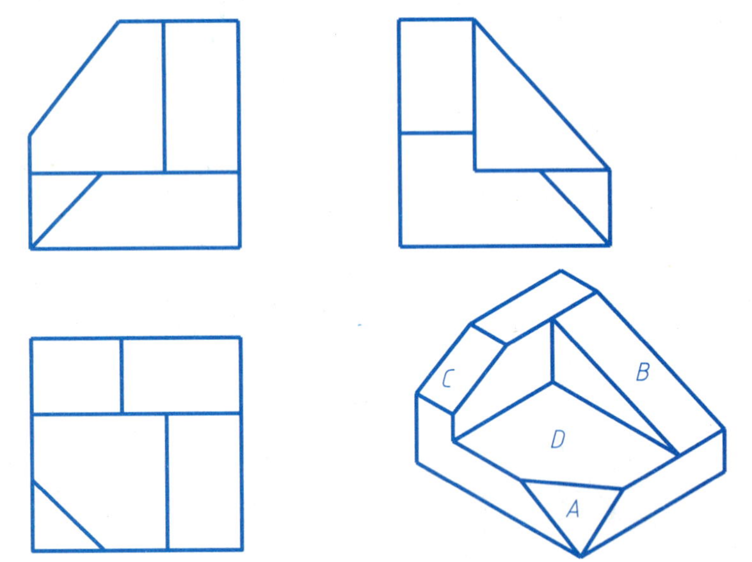

A 是________面；C 是________面；
B 是________面；D 是________面。

2.3-2 按各平面对投影面的相对位置，填写它们的名称和倾角（0°、30°、45°、60°、90）。

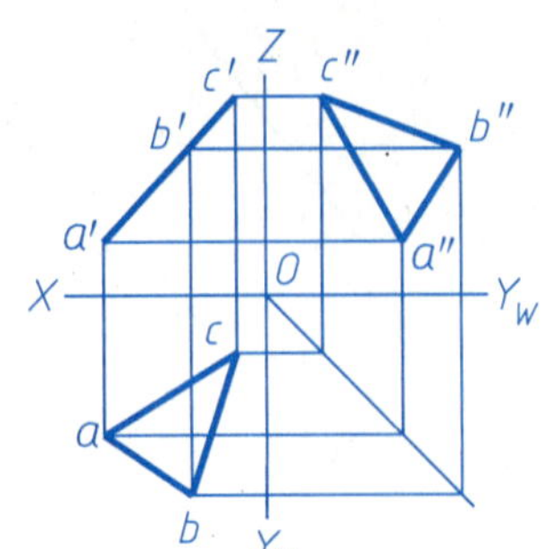

△ABC 是____面　　　DEFG 是____面

α =__，β =___，γ =___。α =___，β =___，γ =___。

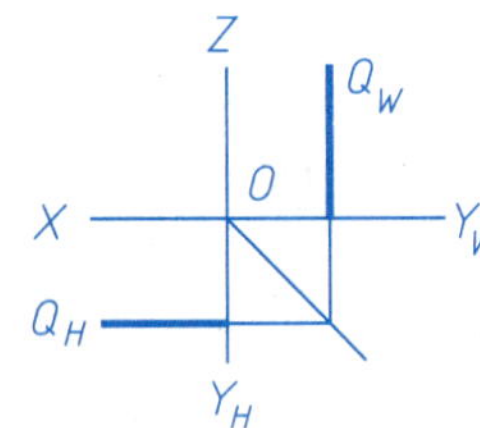

平面 P 是________面　　　平面 Q 是________面

α =__，β =__，γ =__。　α =__，β =__，γ =__。

2.3-3 已知平行四边形 ABCD 平面上有 K 字的 V 面投影，求 K 字的 H 面投影。

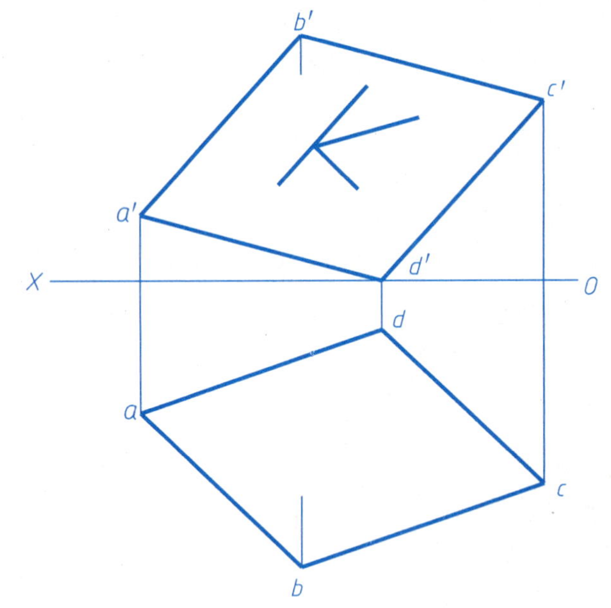

2.3-4 已知五边形 ABCDE 的一边 BC // V 面，完成其水平投影。

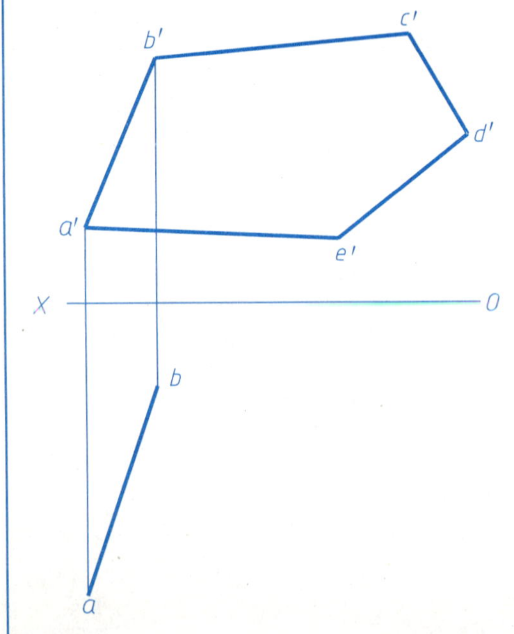

2.3-5 已知处于正垂面位置的正方形 ABCD 左下边的 AB，α = 60°，补全正方形的两面投影。已知处于正平面位置的等边三角形的上方顶点 E，下方的边 FG 为侧垂线，边长为 18mm，补全该等边三角形 EFG 的两面投影。

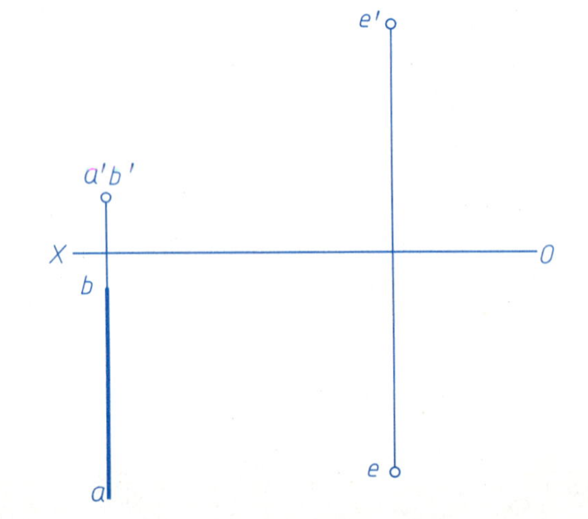

2.3-6 判断点 D、F 及直线 CE 是否在平面△ABC 上。

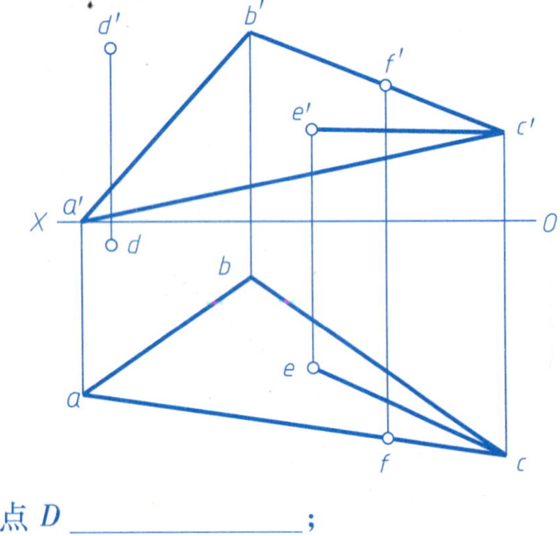

点 D ________________；
点 F ________________；
直线 CE ________________。

2.3-7 在△ABC 内确定一点 K，使点 K 距 H 面 12mm、距 V 面 25mm。

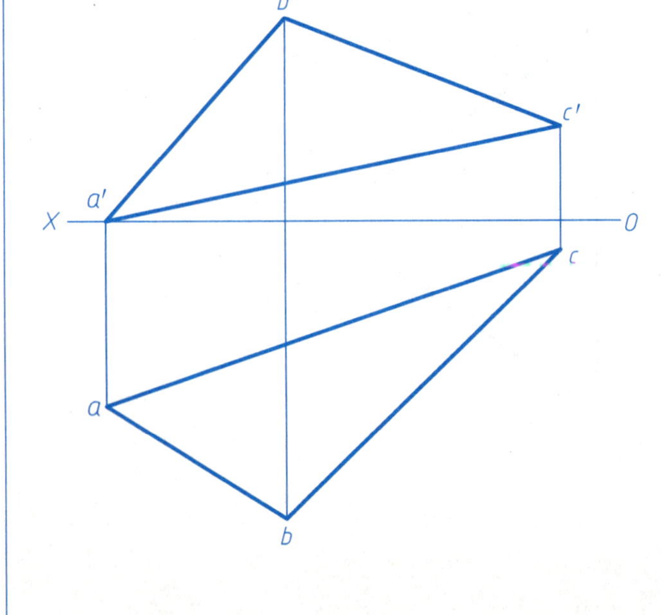

2.4 直线与平面、平面与平面的相对位置（1）

班级　　　　　　　　　　　　　　姓名　　　　　　学号

2.4-1 判断下列各图中的直线与平面是否平行。

(1)

（　）

(2)

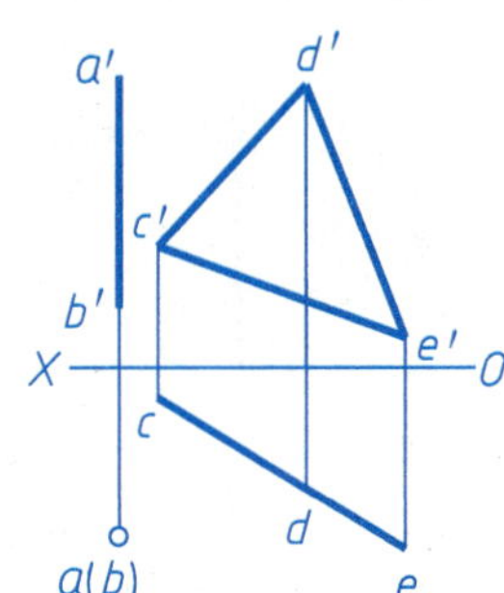

（　）

(3)

（　）

(4)

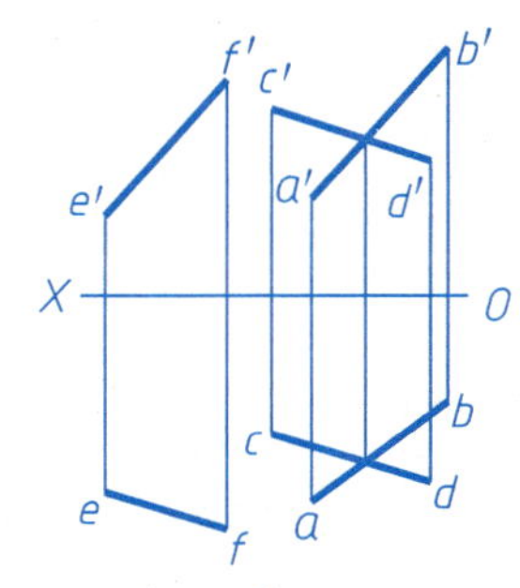

（　）

2.4-2 判断下列各图中的两平面是否平行。

(1)

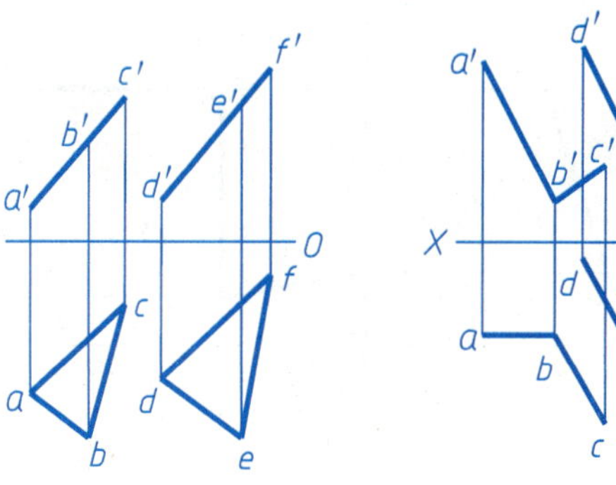

（　）

(2)

（　）

(3)

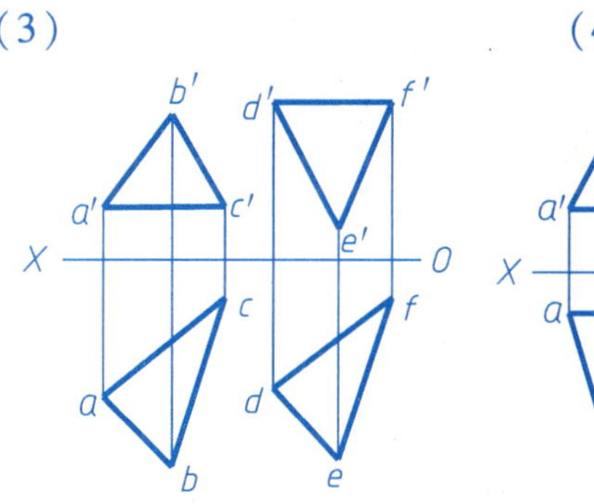

（　）

(4)

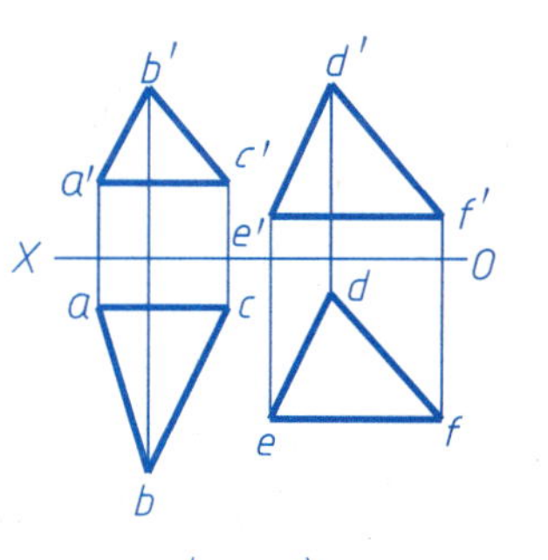

（　）

2.4-3 过点 D 作直线 DE，使 DE 同时平行于平面△ABC 和 V 面。

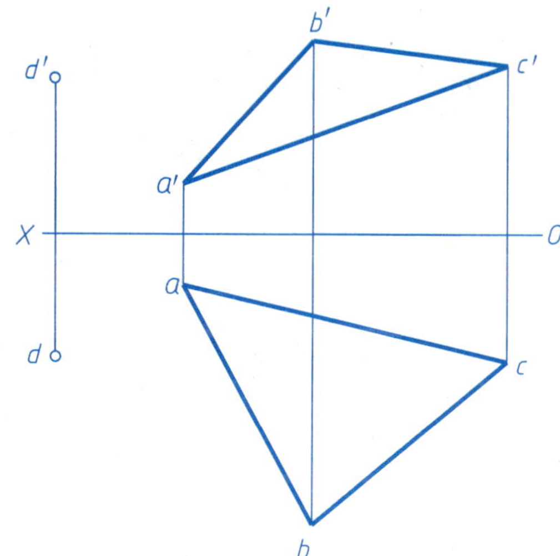

2.4-4 过点 A 作一平面平行于平面△DEF。

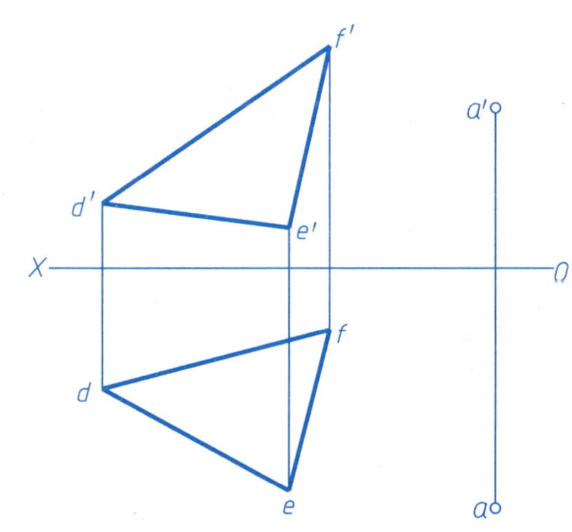

2.4-5 求直线 EF 与平面△ABC 的交点，并判别可见性。

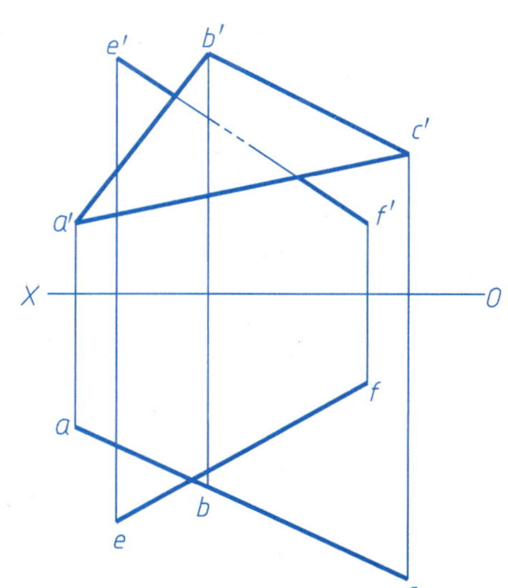

2.4-6 作侧垂线 AB 与平面 CDEF 的交点，并判别可见性。

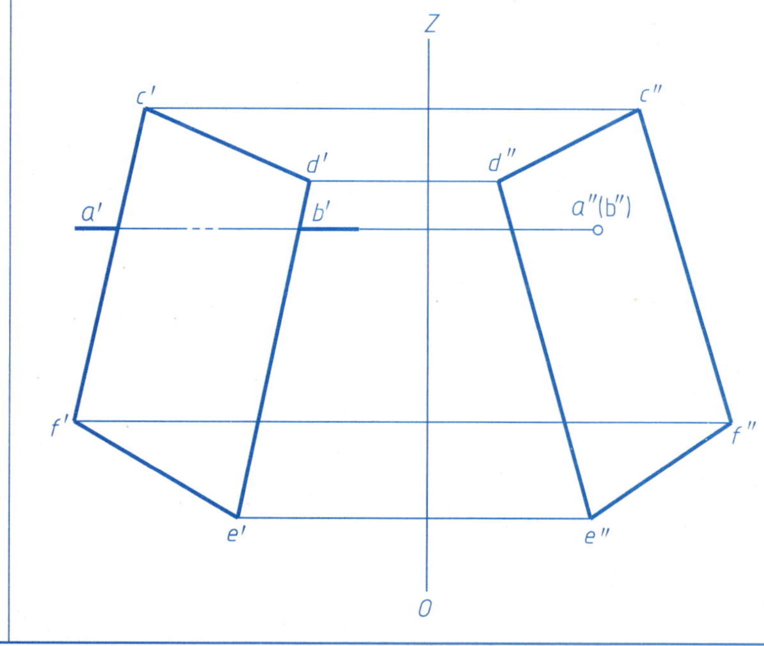

2.4-7 求△*ABC* 和△*DEF* 两平面的交线，并判别可见性。

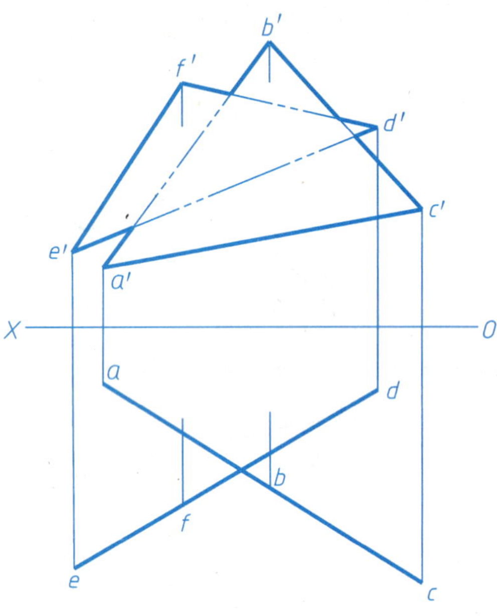

2.4-8 作△*EFG* 与平面 *MNPQ* 的交线，并判别可见性。

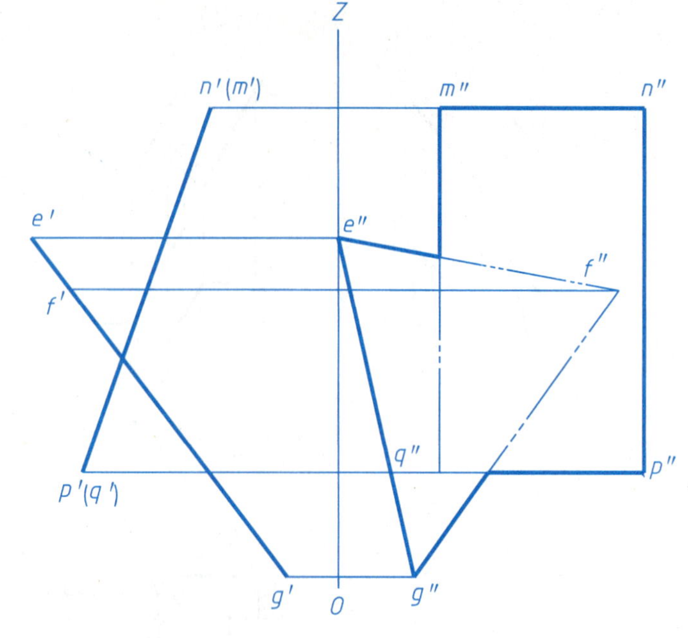

2.4-9 求点 *K* 到平面 *ABCD* 的距离及投影。

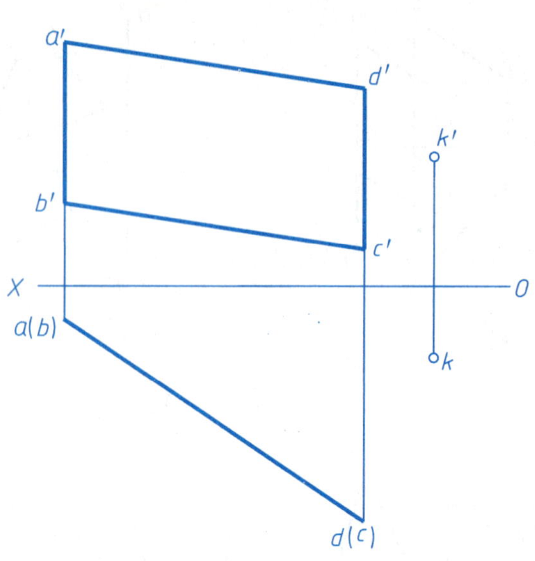

2.4-10 过点 *K* 作平面平行于直线 *EF*，且垂直于正方形 *ABCD*。

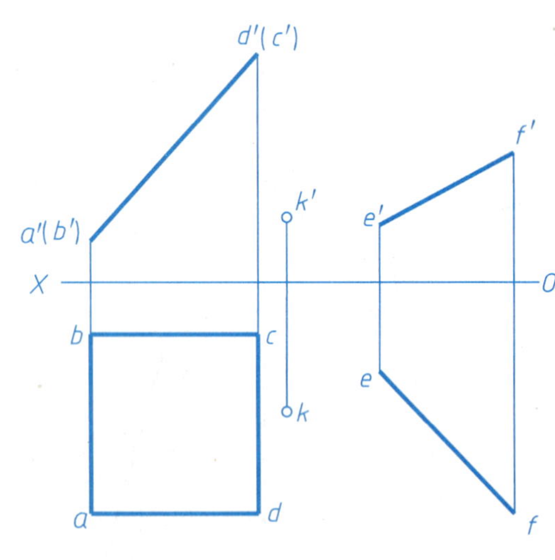

2.4-11 求线段 *AB*、*CD* 间的最短距离，并求 *AB* 的实长及其对 *H* 面的倾角 α。

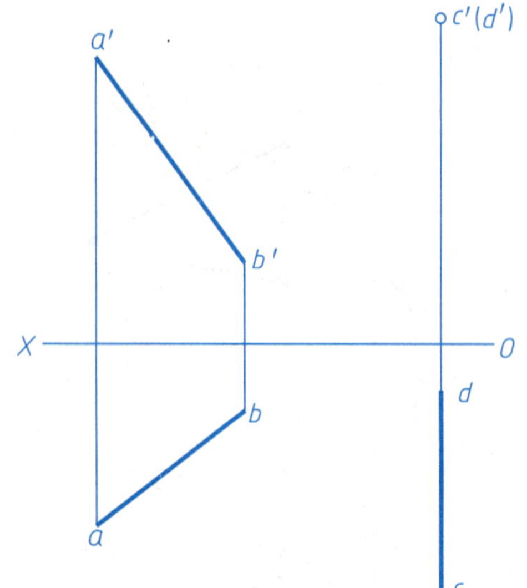

2.4-12 已知正方形的一边 *AB* 的投影及 *AD* 的水平投影方向，试画出正方形的两面投影。

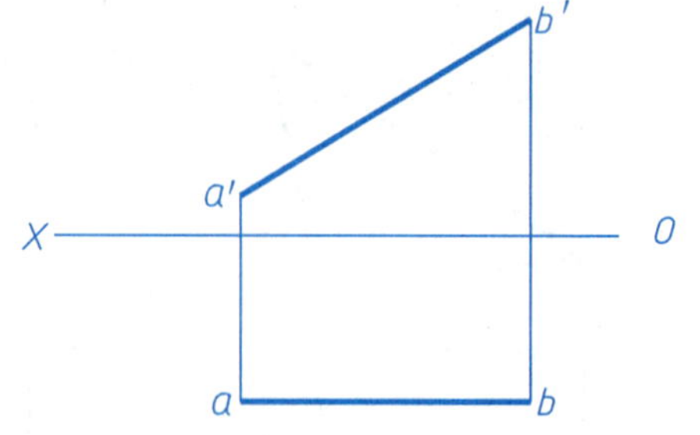

第2章 点、直线和平面的投影

 班级 姓名 学号

2.5-1 求直线 AB 的实长及对 H 面的倾角 α。

2.5-2 求直线 AB 的实长及对 H 面的倾角 α。

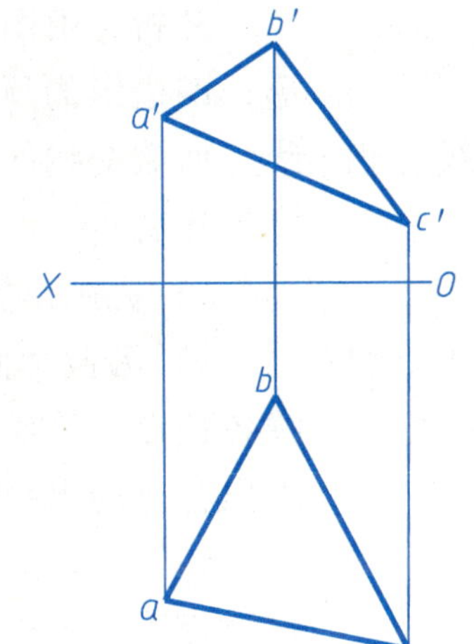

2.5-3 补全等腰三角形 CDE 的两面投影，边 $CD=CE$，顶点 C 在直线 AB 上。

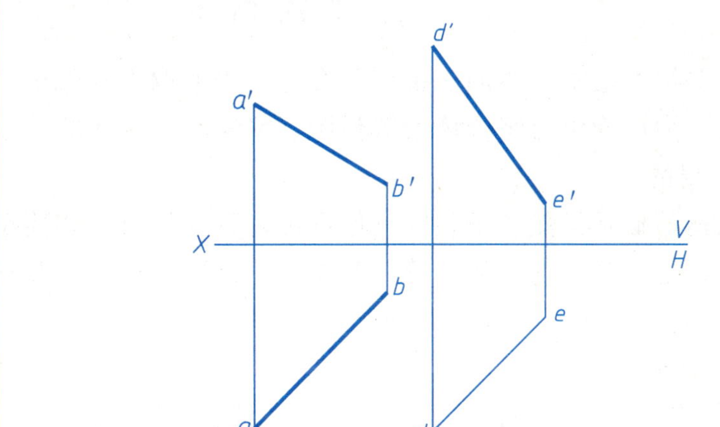

2.5-4 根据铅垂面的水平投影和反映实形的 V_1 面投影，作出它的正面投影。

2.5-5 求两平行直线 AB、CD 间的距离。

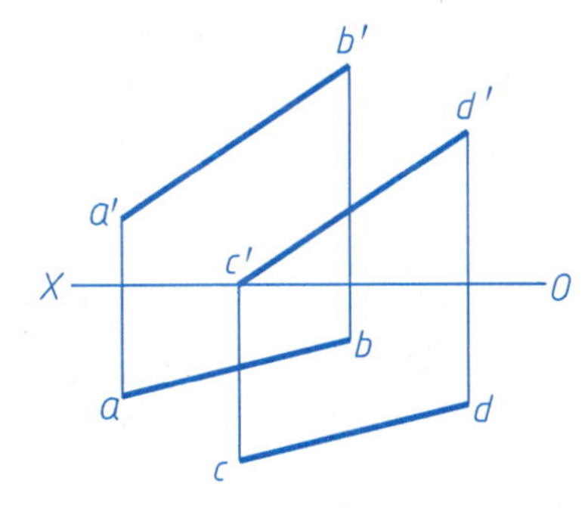

2.5-6 求两相交平面 $\triangle ABC$ 和 $\triangle DEF$ 的交线，并判断可见性。

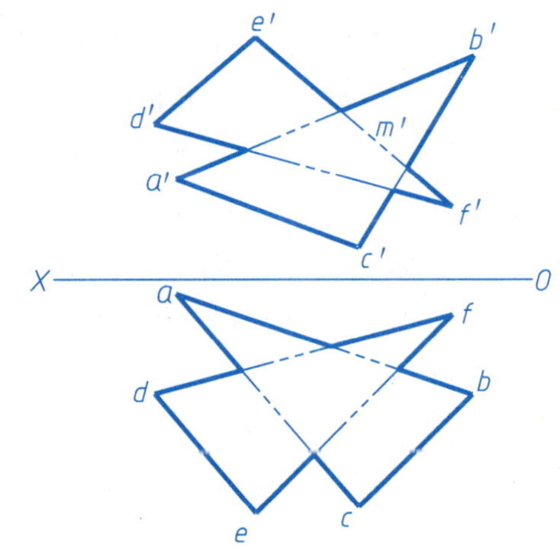

第3章　立体及其表面上点和线的投影

实践指导

本章主要学习基本立体的三视图及在立体表面取点和线的方法；掌握求截交线、相贯线的方法，为后期学习组合体及零件图、装配图奠定基础。

1. 实践目的

空间物体的形状虽然各不相同，但都可以看成是由一些简单的几何体经过叠加或切割所组成的，这些基本的几何体称为基本立体。这些简单的几何体可分为两类：平面立体和曲面立体。

2. 基本要求

1）掌握平面立体三视图及其表面上点、线的作图方法。

2）掌握曲面立体三视图及其表面上点、线的作图方法。

3）掌握平面与平面立体交线的作法。

4）掌握平面与曲面立体交线的作法。

5）掌握两曲面立体表面交线的作法。

6）掌握相贯线的特殊情况。

3. 实践的要点和方法

（1）平面立体投影图作法　画平面立体的投影，就是画出各棱面和底面的投影，也可以说是画出各棱线及底边的投影，并区别可见性。

（2）曲面立体投影图作法　画回转体的投影图时，应该先画出轴线及圆的中心线，曲面立体的曲面没有明显的棱线，在画它们的投影时，主要画出其外形轮廓线的投影。

（3）平面与平面立体相交　平面与平面立体相交时，所得到的截交线是由直线围成的平面封闭多边形。当截平面与平面立体相交的位置不同，或平面立体的形状不同，得到的截交线也是不同的。

（4）平面与回转体相交　平面与回转体相交时，截交线在一般情况下是一条封闭的平面曲线，或者是由平面曲线和直线组合而成的图形。求截交线的方法实质是求两者共有点的方法。

（5）两回转体表面相交　两立体相交，也称为两立体相贯，它们的表面的交线称为相贯线。

求相贯线的方法有两种：

1）利用积聚性求相贯线。

2）利用辅助平面法求相贯线。

在一般情况下，两回转体的相贯线为封闭的空间曲线；但是在某些特殊情况下，也可能是平面曲线或直线。

4. 实践举例

例：试求正四棱锥被截切后的投影。

分析：由图3-1a可以看出，截平面与四棱锥的四个棱面都相交，所以截交线为四边形，四边形的顶点就是四棱锥各棱线与截平面的交点。截交线的正面投影积聚为一段直线，而截交线的水平投影和侧面投影均为四边形的类似形。

作图：

1）先画出完整四棱锥的三个投影。

2）因截平面为正垂面，截交线的正面投影也在该正垂面的积聚投影上。标出截交线各顶点的正面投影1′、2′、3′、4′，再在四棱锥水平投影和侧面投影的各棱线上分别求出各点的水平投影1、2、3、4和侧面投影1″、2″、3″、4″。

3）将各顶点的同面投影依次相连，即得截交线的水平投影和侧面投影。截交线的水平投影和侧面投影均可见。

4）判断被截切后立体棱线的存在情况及其可见性。

5）加深图形。作图结果如图3-1b所示。

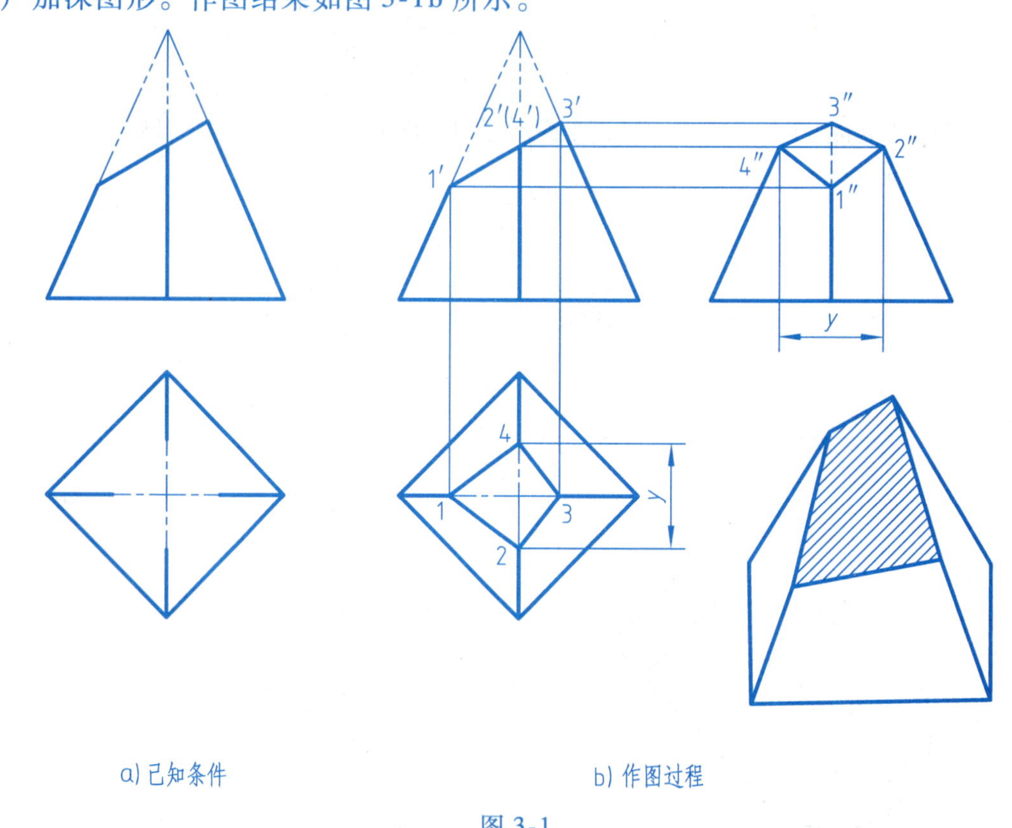

a) 已知条件　　b) 作图过程

图3-1

实践内容

3.1　基本体及其表面上点的投影

班级　　　　　　　　姓名　　　　　学号

3.1-1　补画立体第三投影，补全其表面上各点的三面投影图。

(1)

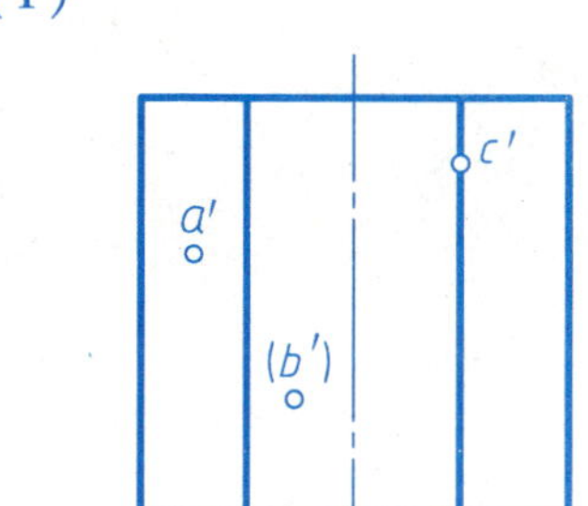

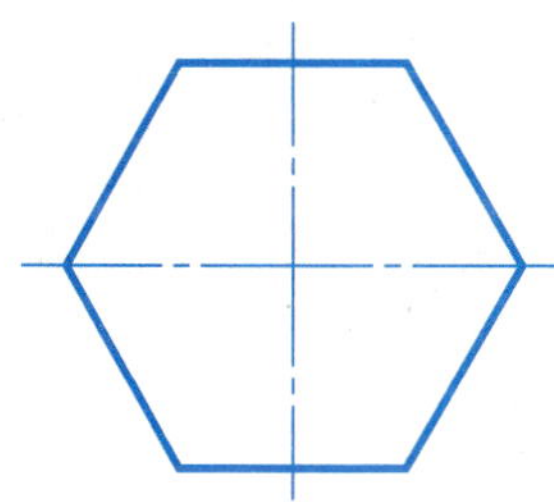

(2)

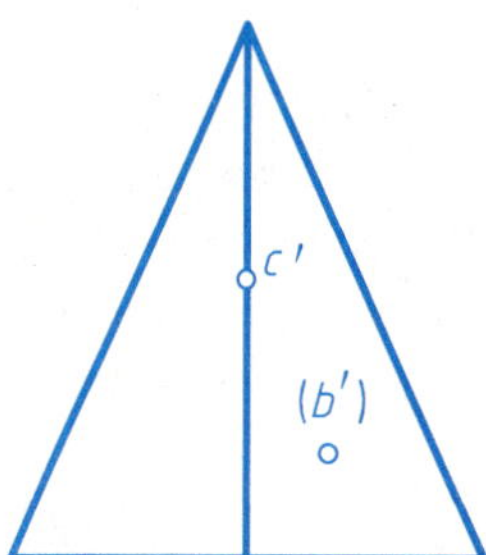

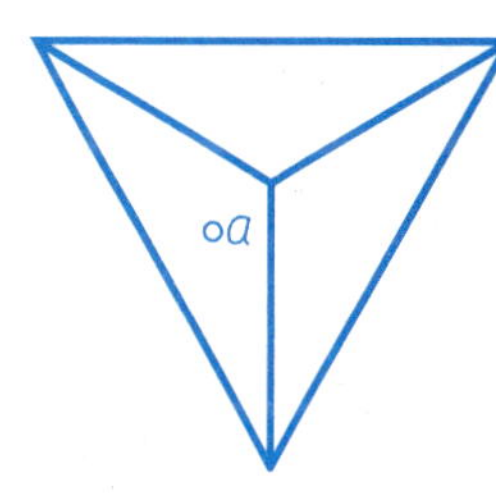

(3)

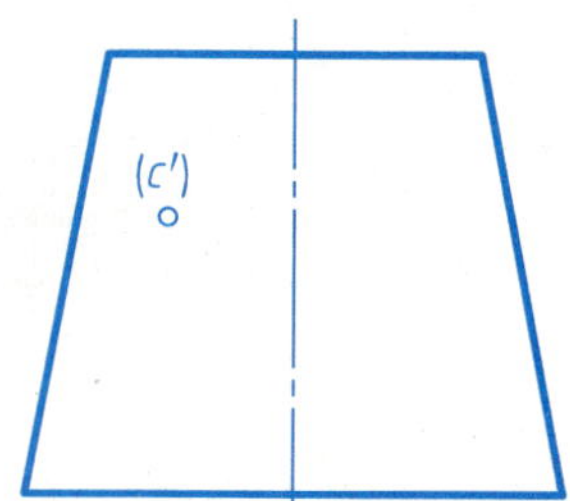

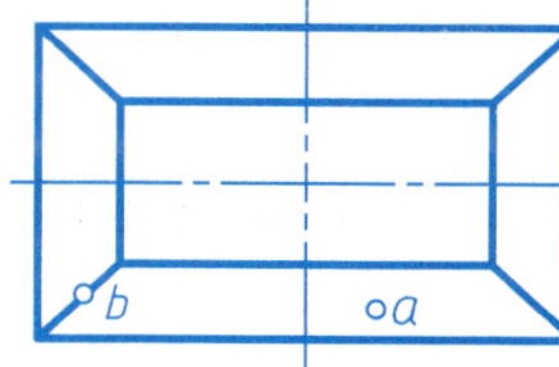

3.1-2　补全曲面立体表面上各点的其余投影。

(1)

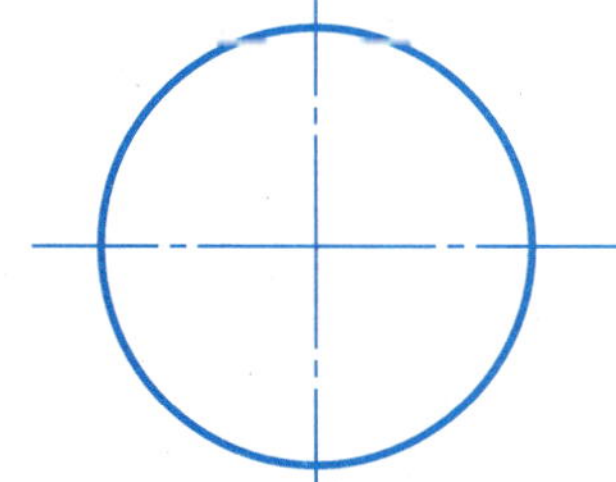

(2)

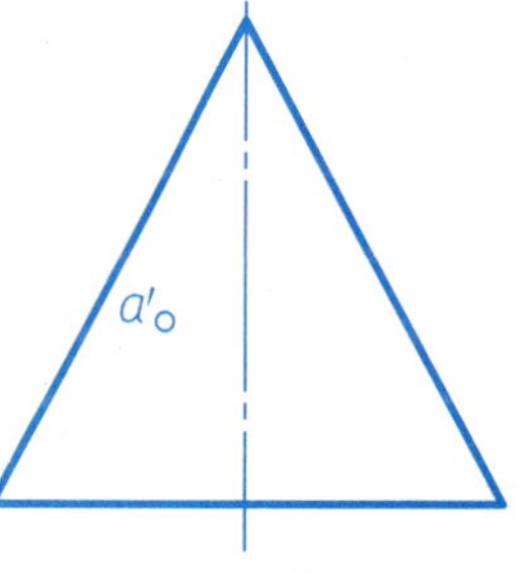

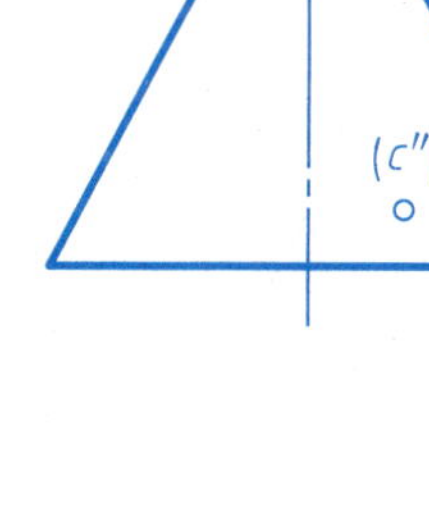

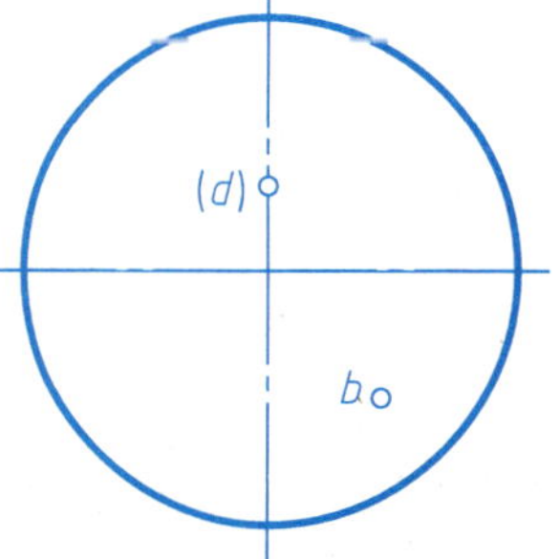

(3)

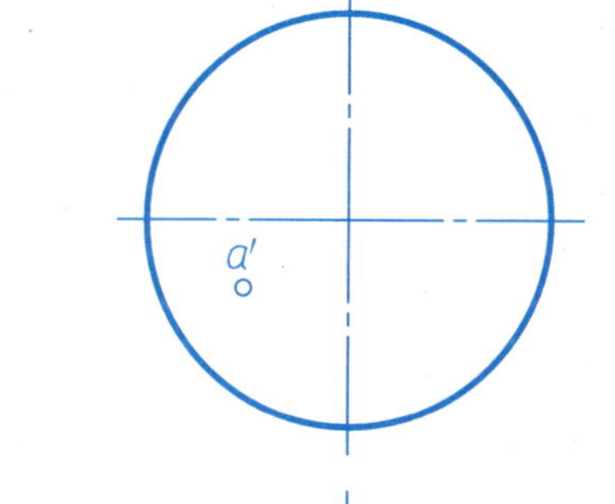

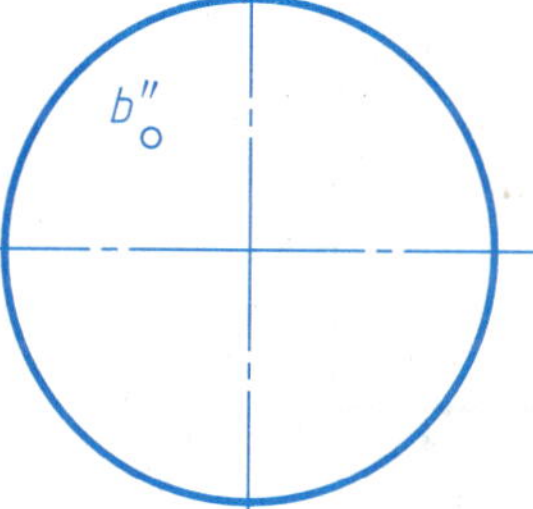

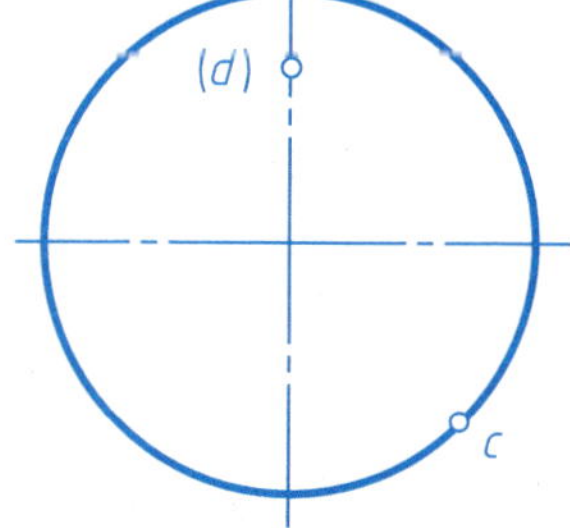

3.2　立体表面的交线（1）	班级　　　　　　　　　姓名　　　　　学号

3.2-1　补全被截切平面立体的三面投影。

(1)

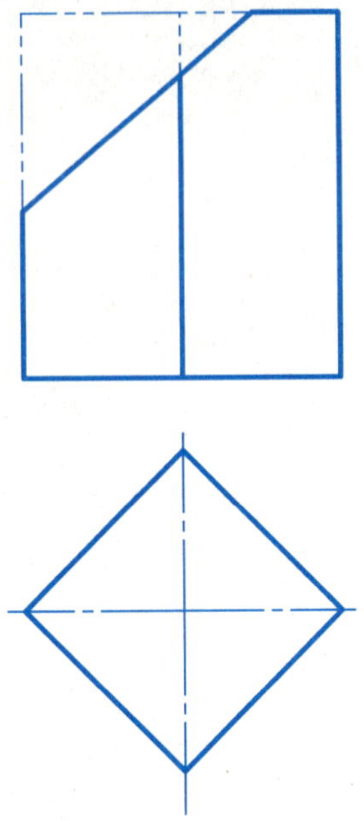

(2)

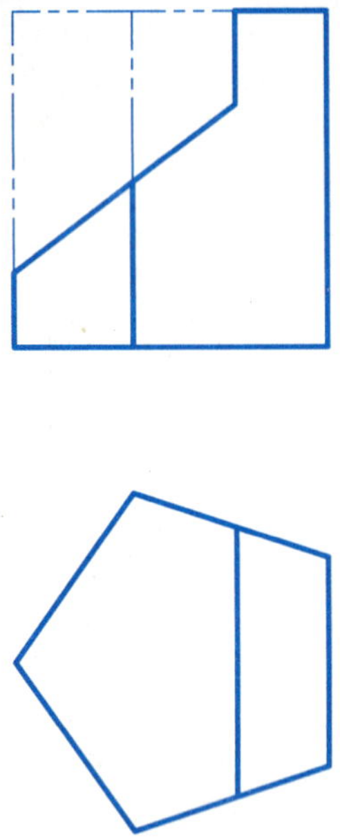

(3)

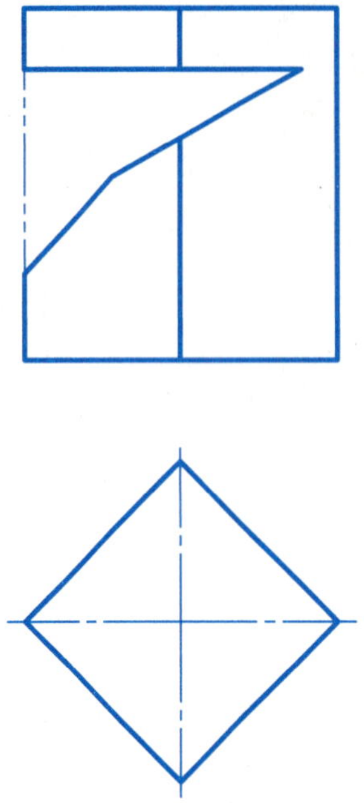

(4)

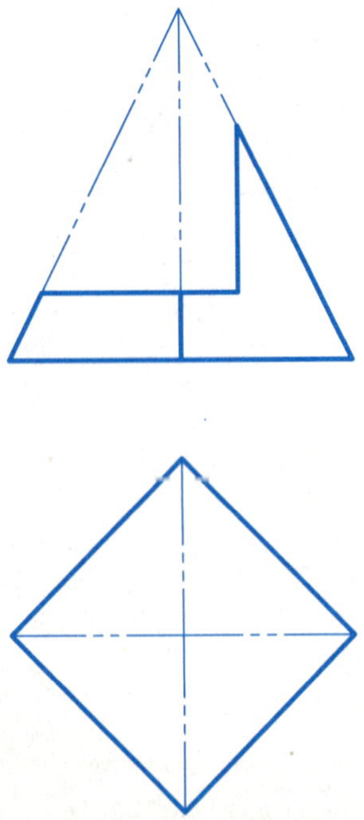

(5)

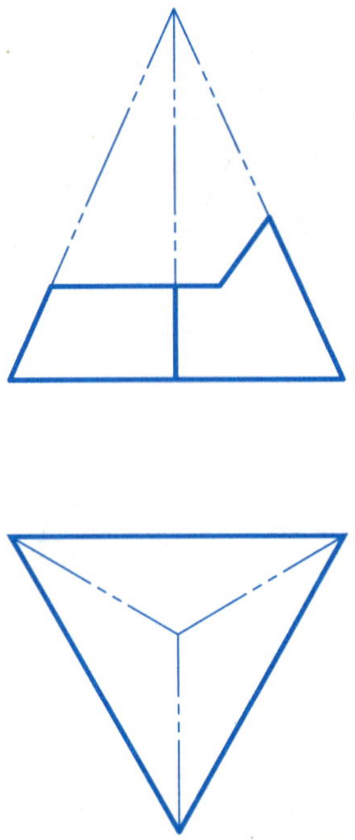

(6)

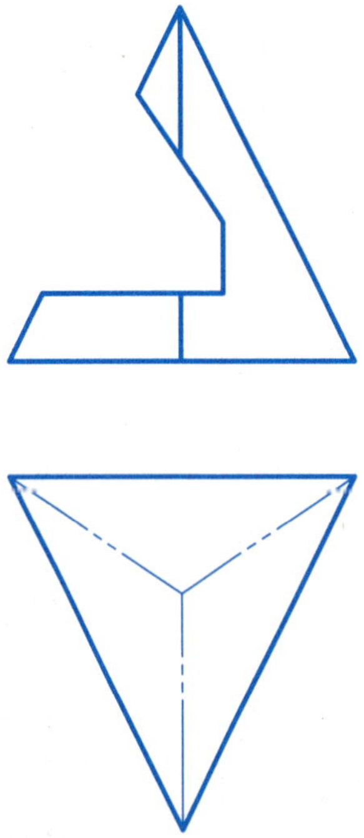

3.2-2　补全被截切曲面立体的三面投影。

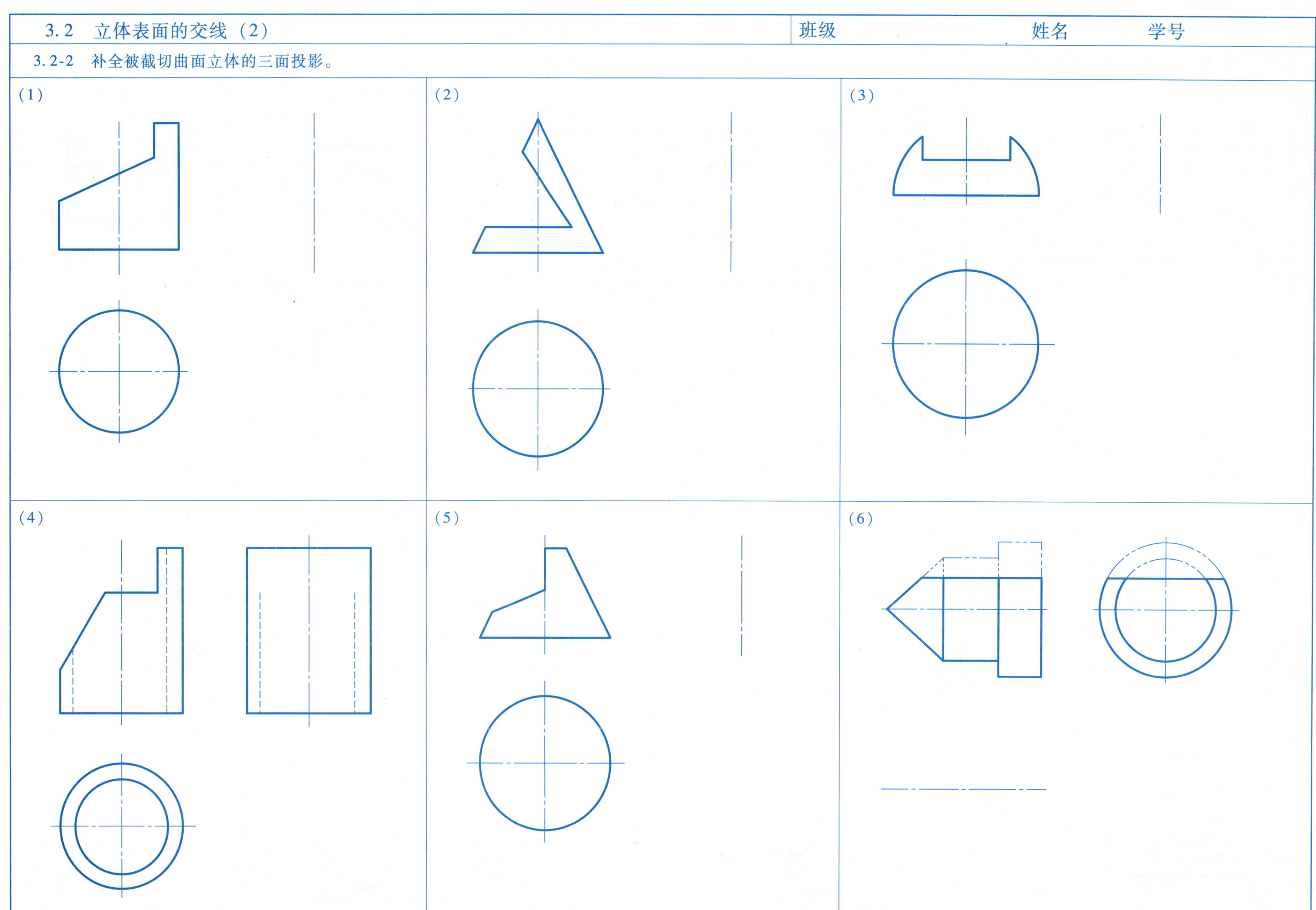

3.3　相贯线（1）	班级　　　　　　　　　　姓名　　　　　　学号

3.3-1　求作两立体相贯线的投影。

（1）

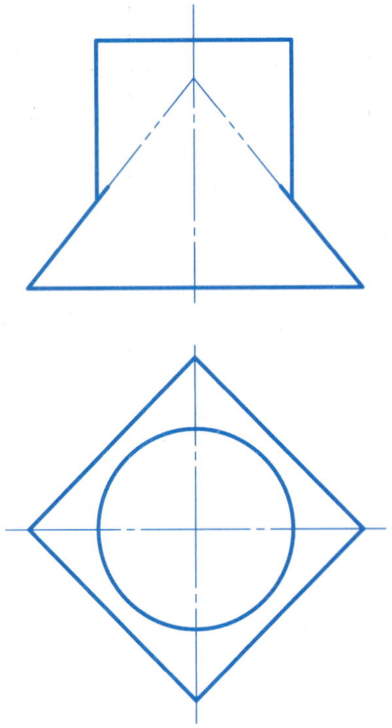

（2）

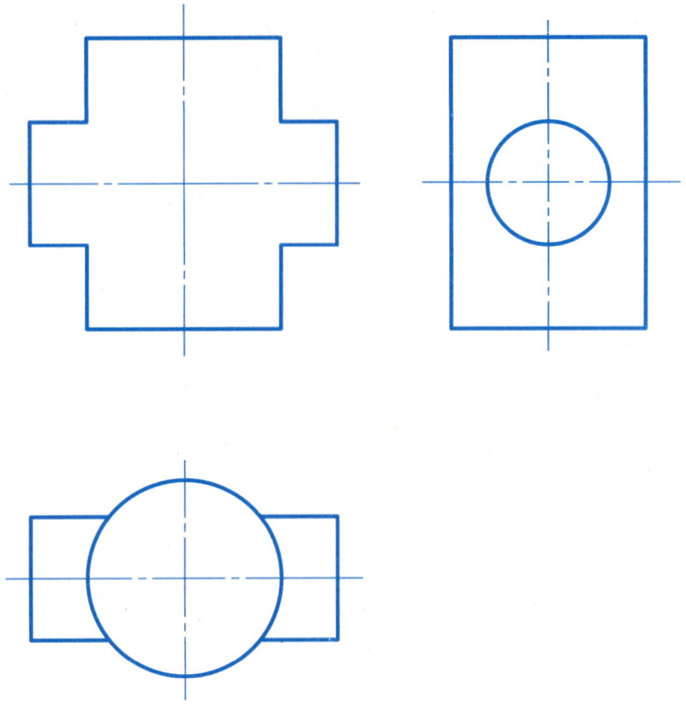

（3）

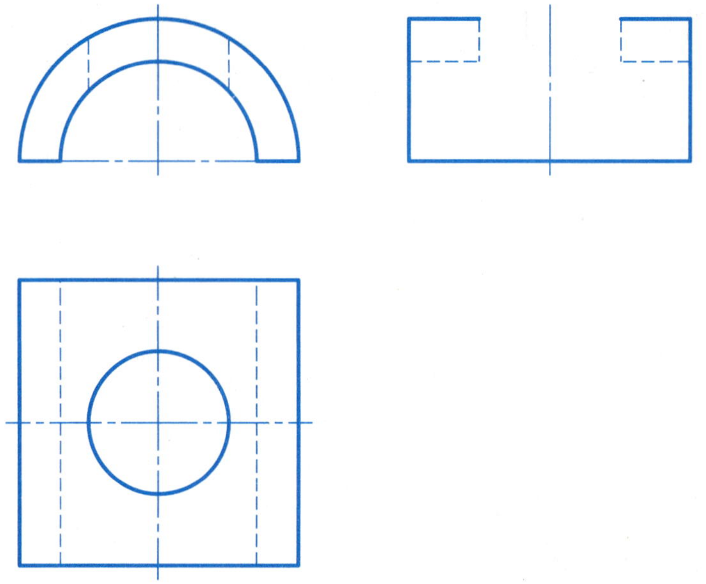

（4）

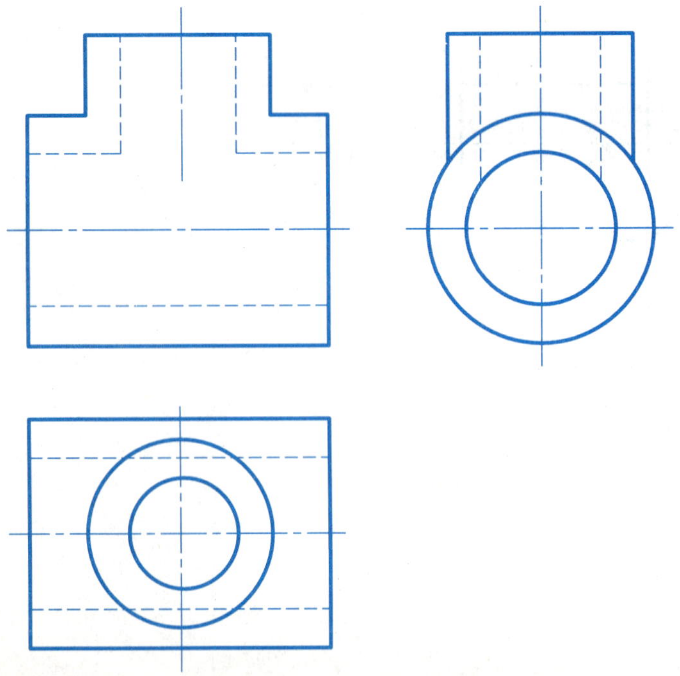

（5）

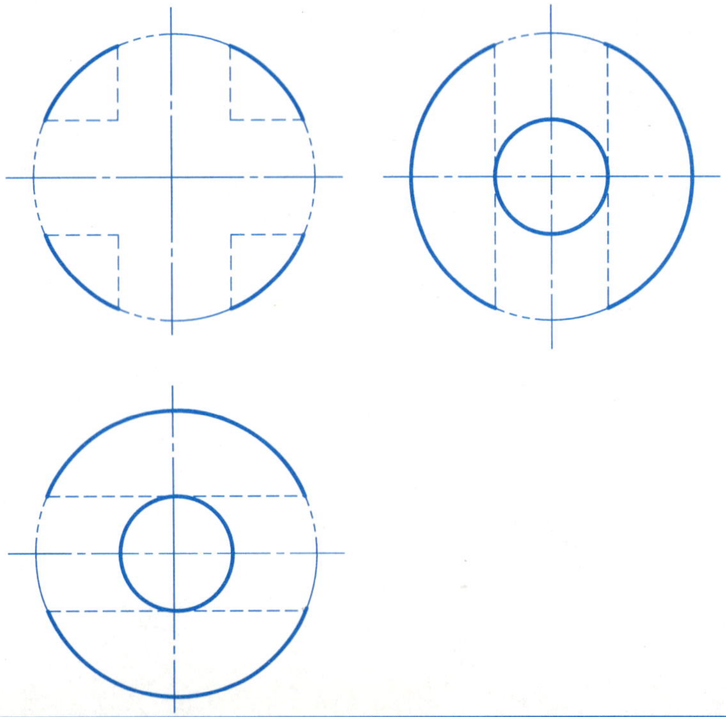

（6）

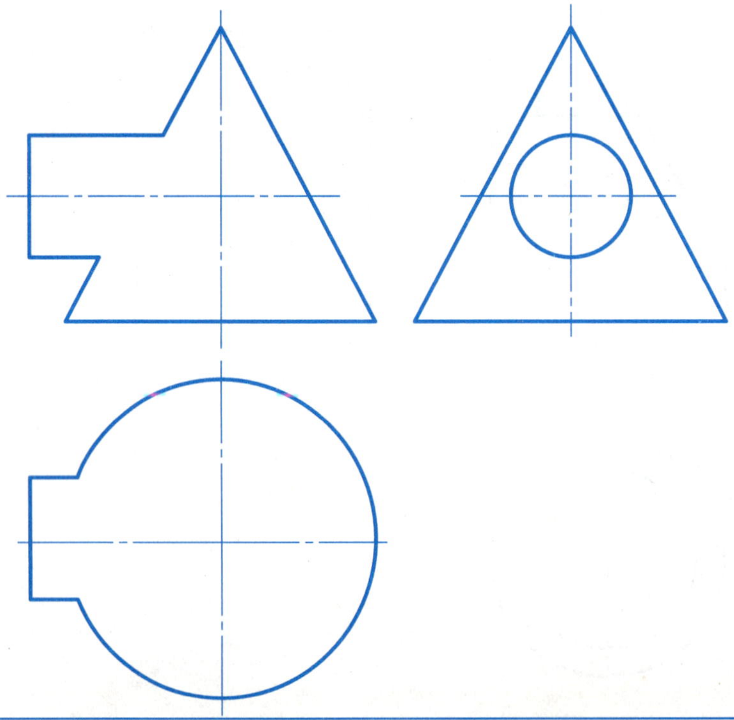

3.3-2 求作两立体相贯线的投影。

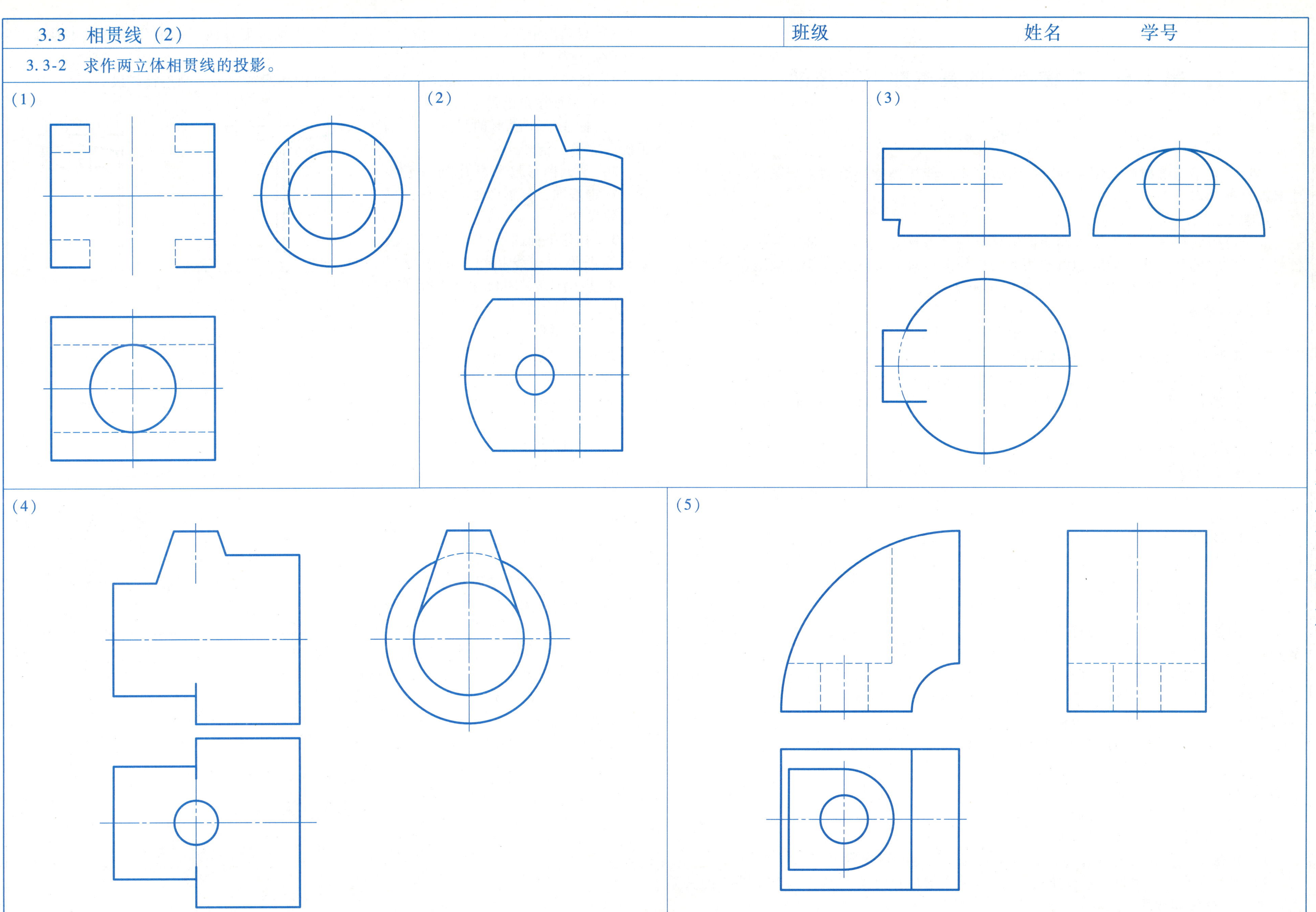

第4章　机械制图的基本知识和技能

实践指导

本章主要学习机械制图国家标准的有关规定，能按照标准绘制工程图样，这是工程技术人员的基本技能。

1. 实践目的

通过练习，使学生掌握机械制图国家标准的有关规定，领会、遵守和执行国家标准各项规定的目的和意义。能够理解常用的几何作图原理和方法，并能正确地使用常用绘图工具和仪器进行尺规绘制和徒手绘制平面图形。

2. 基本要求

1）熟悉图纸幅面、比例、字体、图线和尺寸注法等制图标准。

2）掌握斜度与锥度的几何作图方法。

3）掌握圆弧连接的画图方法，能准确地作出圆心和切点。

4）掌握平面图形的尺寸分析和线段分析的方法，能正确地阅读和绘制平面图形。

3. 实践的要点和方法

（1）机械制图国家标准的有关规定

1）字体书写做到：字体工整、笔画清楚、间隔均匀、排列整齐。

2）汉字应写成长仿宋体，其书写要领是：横平竖直、注意起落、结构匀称、填满方格。

3）图线绘制要遵循 GB/T 4457.4—2002《机械制图　图样画法　图线》的规定。

4）标注尺寸要遵循 GB/T 4458.4—2003《机械制图　尺寸注法》中规定的基本方法。

（2）绘图工具、仪器的使用方法和徒手绘图

1）画细实线或写字时要将铅芯磨成锥状，画粗实线时要将铅笔磨成四棱柱（扁铲）状。

2）使用丁字尺绘制水平线时，要用左手握住丁字尺尺头，使其与左侧导边紧贴作上下移动，右手执笔，并沿丁字尺工作边自左至右画线。绘制较长水平线时，左手应按住丁字尺尺身。丁字尺配合三角板可绘制垂直线。

3）徒手草图要基本做到：图形正确，线型分明，比例匀称，字体工整，图面整洁。

（3）常用的几何作图方法

1）圆弧连接的过程就是求连接圆弧的圆心和切点的过程。

2）同心圆法和四心近似画法绘制椭圆。

（4）平面图形的分析与尺寸标注

1）定形、定位尺寸齐全，可以直接绘制的线段是已知线段。

2）给出了定形尺寸和一个定位尺寸，另一个定位尺寸必须依靠与其他线段的关系画出的线段是中间线段。

3）只给出定形尺寸，没有定位尺寸，需要依靠与另外两线段的位置关系才能画出的线段是连接线段。

4）绘制平面图形时，先画已知线段，再画中间线段，最后画连接线段。

（5）平面图形的尺寸标注

1）标注平面图形的尺寸要做到正确、完整、清晰。

2）平面图形尺寸标注的一般步骤：选定基准，分解图形并标注，标注总体尺寸。

3）标注平面图形尺寸时要注意：不标注图形中交线和切线的长度尺寸，不能标注成封闭尺寸，不标注两端为圆或圆弧图形的总体尺寸。

4. 实践举例

例 4-1：根据图 4-1 所示尺寸绘制图形。

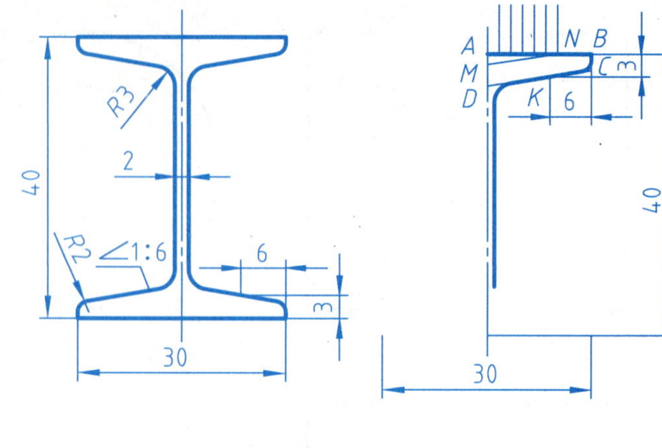

图 4-1

解：斜度部分的作图步骤和方法：

1）在对称线上取 $AM=1$ 个单位长。

2）在 AB 线上取 $AN=6$ 个单位长。

3）连接 MN，其斜度即为 1:6。

4）过点 K 作 $CD \parallel MN$，CD 即为所求。

其他步骤略去。

例 4-2：分析图 4-2 中的尺寸标注是否合理，若不合理，请说明原因。

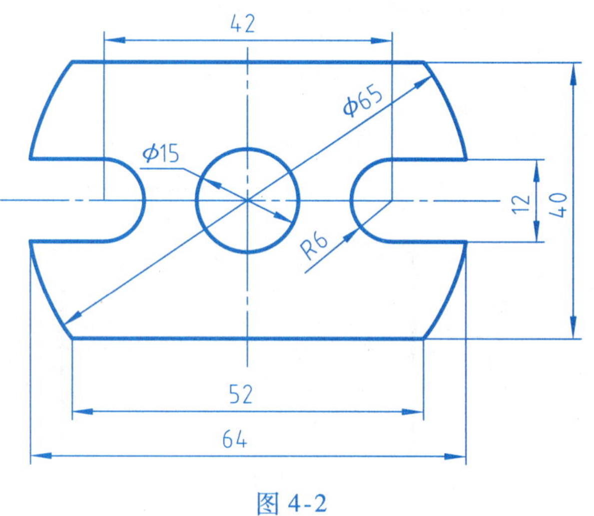

图 4-2

解：根据国家标准规定，图形中尺寸 $\phi15$、$\phi65$、12、40、42 标注合理。尺寸 $R6$、52 和 64 不合理，属于多余标注。

原因是：尺寸 12 已经确定了 U 形槽的尺寸，尺寸 $R6$ 就不必进行标注，如果标注，要加括号，表示 $R6$ 为参考尺寸；尺寸 52 表示弦长，其大小已由 $\phi65$ 和 40 确定；尺寸 64 由 $\phi65$ 和 12 确定，也不必标注。

实践内容

4.1 字体和图线画法及尺寸标注

班级　　　　　　姓名　　　　学号

4.1-1 字体练习。

机械制图技术要求材料尺寸标注零件比例轴

螺栓连接测绘装配铸造倒角厚度序号重量键

表面处理旋转沉孔均布网纹齿轮模数其余销硬度调质淬火

4.1-2 数字和字母练习。

a b c d e f g h i j k l m n o p q r s t u v w x y z

A B C D E F G H I J K L M N O P Q R S T U V W X Y Z

Ⅰ Ⅱ Ⅲ Ⅳ Ⅴ Ⅵ Ⅶ Ⅷ Ⅸ Ⅹ Ⅺ Ⅻ

0 1 2 3 4 5 6 7 8 9　α β θ λ μ π σ φ

4.1-3 抄画下列图线。

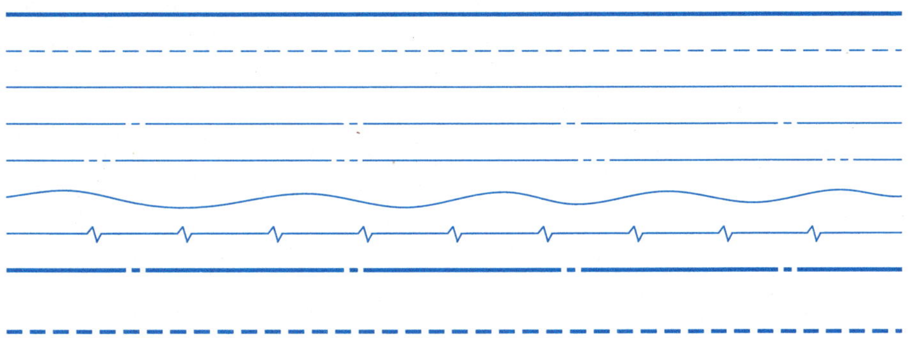

4.1-4 在指定位置抄画下列图形，并标注尺寸。

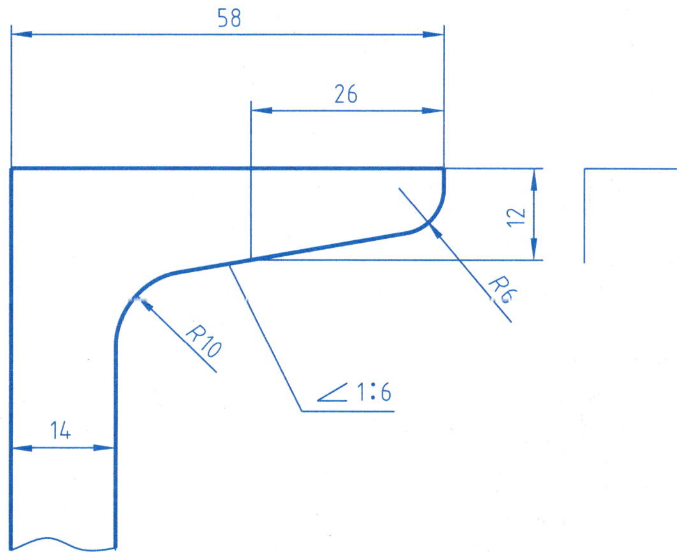

58
26
12
R6
R10
1:6
14

4.2 几何作图及平面图形尺寸标注

班级　　　　　　　　姓名　　　　　　学号

4.2-1　徒手绘制下列图形。

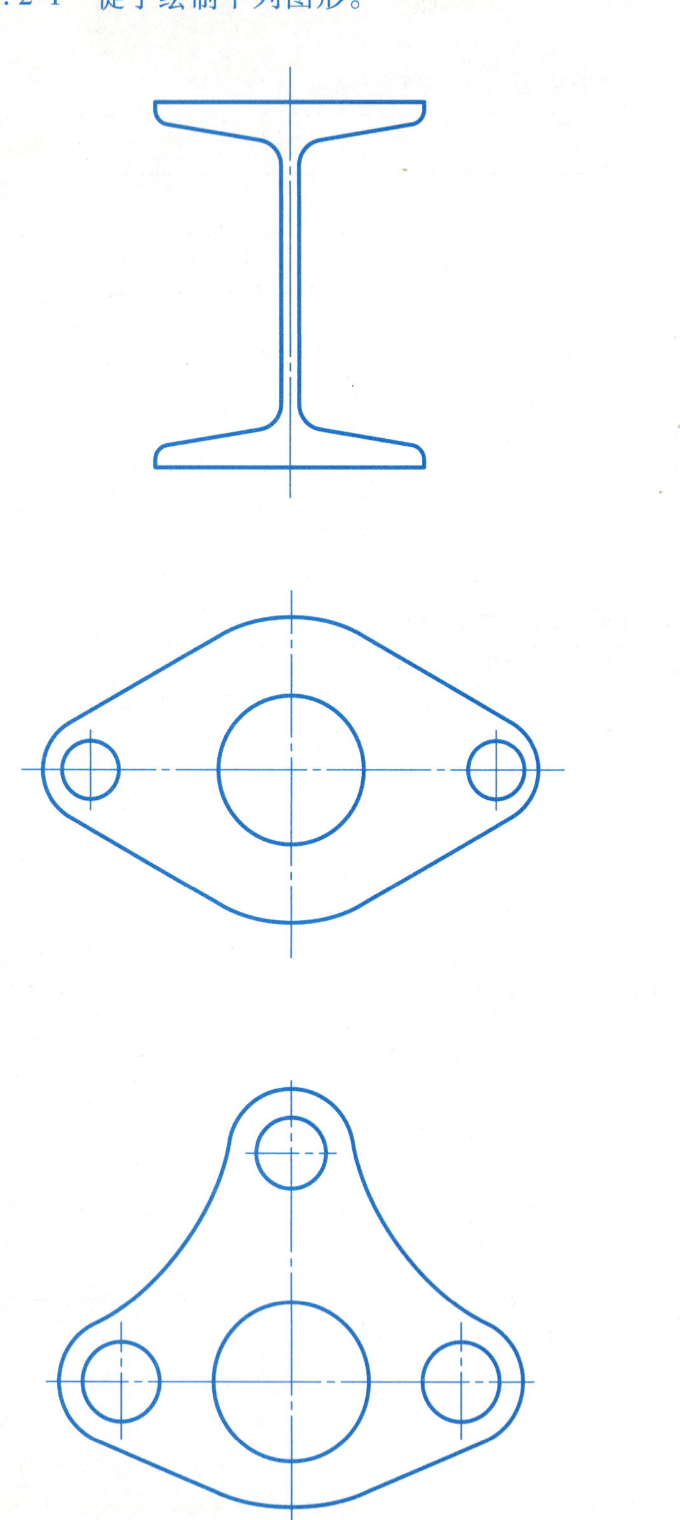

4.2-2　绘制平面图形并标注尺寸。

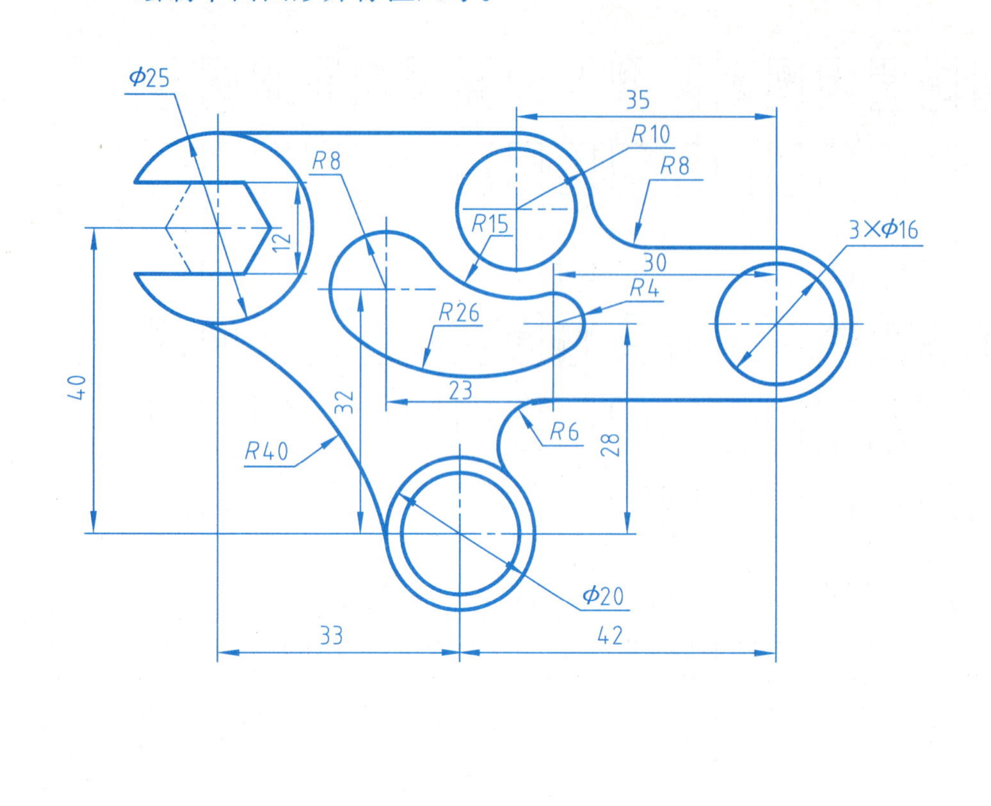

1. 图名、图幅、比例

1）图名：线型练习及圆弧连接。

2）图幅：A3。

3）比例：1:1

2. 目的、内容和要求

（1）目的　进一步练习图线的绘制，掌握圆弧连接的作图方法；掌握平面图形的绘制方法和步骤；初步掌握国家标准《技术制图》的有关内容；初步体验工程绘图实践，培养工程素质。

（2）内容

1）抄画线型（不注尺寸）。

2）抄画右边的平面图形（2）或（3），并标注尺寸。

（3）要求　图形准确，连接光滑，图线均匀，同类图线规格一致；尺寸箭头符合要求，数字注写正确；布图匀称，图面整洁，字体工整。

3. 步骤及注意事项

（1）平面图形绘制步骤

1）分析图形尺寸，确定画图顺序；画已知线段；画中间线段；画连接线段。

2）布图，画作图基准线，画底稿。

3）检查无误后，按规定线型加深。

4）抄注全部尺寸。尺寸注写不必打底稿，可用 HB 铅笔直接注写。

5）填写标题栏内容。

（2）注意事项

1）绘图前应认真分析，精心布置图形，确定正确的作图步骤。在图面布置时还应考虑预留标注尺寸的位置。

2）绘制平面图形时，要特别注意圆弧连接的各切点及圆心位置必须准确作出。

3）线型：粗实线宽度为 0.5mm 或 0.7mm，细虚线及细实线等细线宽度为粗实线的 1/2，细虚线短画长度约 4mm，间隔为 1mm，细点画线长画为 15～20mm，间隔和小短画共约 3mm。

4）字体：图中数字和字母采用斜体，字高为 3.5mm；汉字均写成长仿宋体，标题栏内图名及图号为 10 号字，学校名为 7 号字，姓名写在"制图"栏内，用 5 号字。

5）箭头：箭头长≥尾部宽的 6 倍，长 5mm 左右。

6）完成底稿后，经仔细校核后方可加深。加深时要注意：先加深圆弧，再加深直线；加深直线时先加深水平线，再加深竖直线，最后加深倾斜线；加深水平线时自左至右加深，加深竖直线时自上而下加深。

（1）线型练习

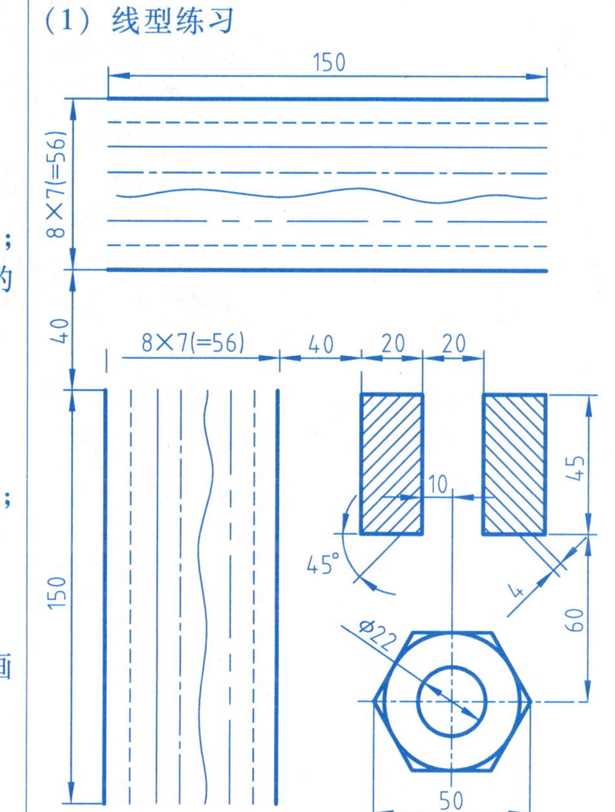

（3）平面图形 2

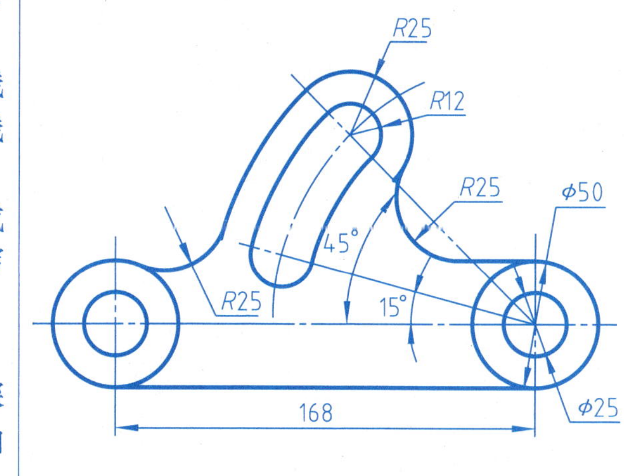

（2）平面图形 1

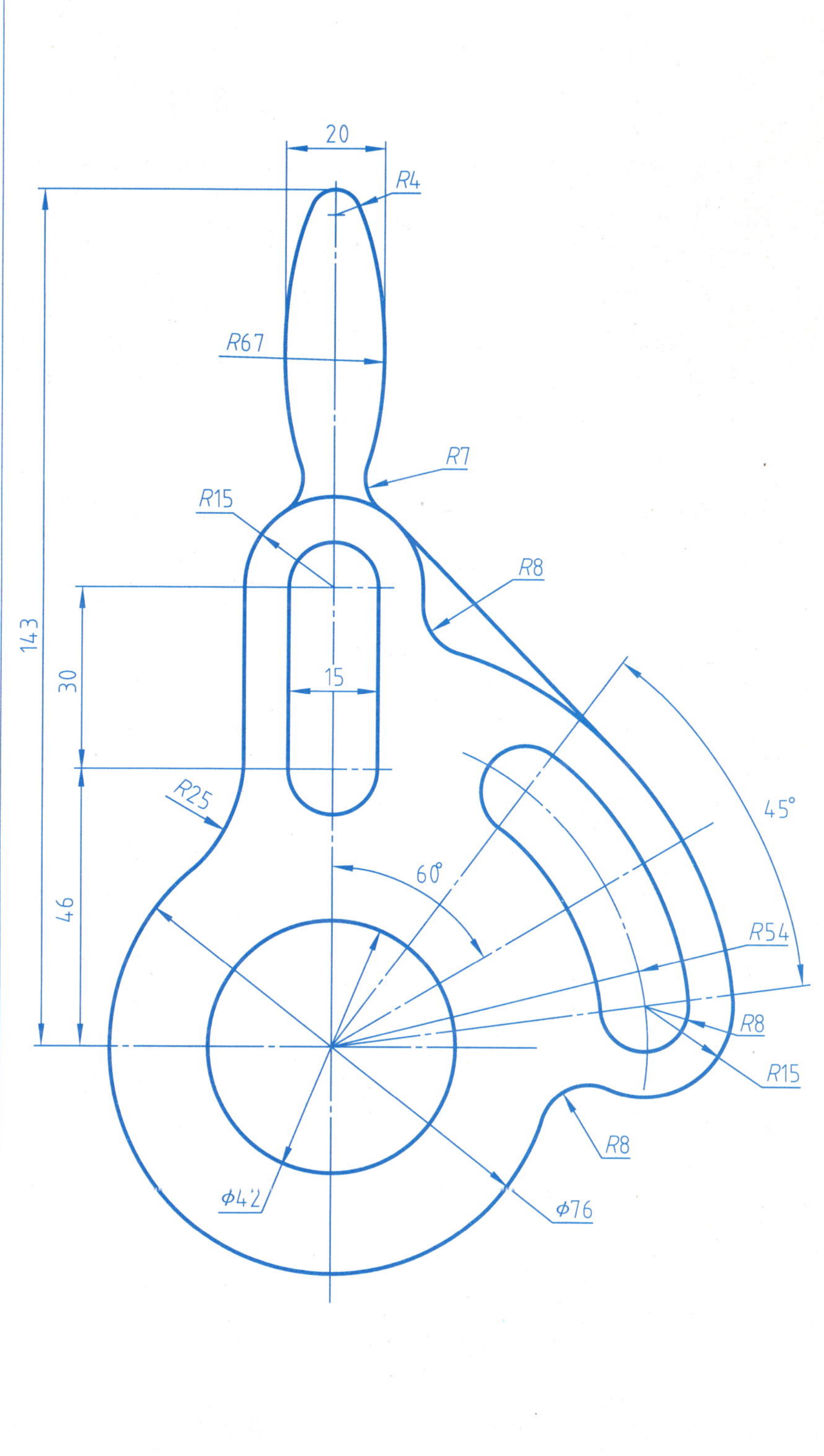

第5章 组 合 体

实践指导

本章要学习组合体的组合形式、组合体三视图的画法、组合体的尺寸标注及组合体的读图。本章是机械制图的重点之一，是培养学生空间想象能力和读图能力的关键。

1. 实践目的

组合体知识不仅吸纳了点、线、面及基本几何体的基础知识，同时也是后续零件图和装配图学习必备的基础知识，是机械制图课程承上启下的关键内容，掌握好这部分内容，对机械制图后续内容和其他专业课程的学习可起到事半功倍的效果。因此，本章实践的目的是利用形体分析法和线面分析法，掌握组合体的画图、读图和标注方法。

2. 基本要求

1）能看出形体的组合方式及相邻表面之间的连接关系，熟练其画法。

2）掌握画组合体三视图的方法和步骤，能熟练绘制中等复杂程度组合体的三视图。

3）掌握形体分析法和线面分析法，能读懂中等复杂程度的组合体三视图。

4）掌握组合体的尺寸注法，能完整、正确、清晰地标注出组合体的尺寸。

5）了解组合体的构型原则和基本方法，能构思并画出不同的形体。

3. 实践的要点和方法

（1）组合体的组合形式　组合形式有：叠加型、切割型和综合型。

（2）组合体相邻两面的连接关系　连接关系有共面、相切和相交等。

（3）形体分析法　形体分析法是画图、读图及尺寸标注的一种基本方法，假想把组合体分解为若干个简单形体，通过分析各简单形体的形状、简单形体间的组合方式和表面间相对位置关系，进而画图和读图。在分析时需要明确该组合体的组合方式、各简单形体间的相对位置和相邻表面的连接关系。

（4）组合体的画法和步骤

1）形体分析。分析该组合体的形状、结构特点及其表面之间的相互关系，明确组合形式；然后按照形体分析法将组合体分解成几个简单形体，分析简单形体间面与面的相对位置关系。

2）视图选择。首先确定主视图，其他两个视图则根据主视图的确定而相应得到。主视图选择的基本原则是：考虑形体的工作位置，反映实形，减少虚线并反映形体的主要特征。

3）选定比例，确定图幅。

4）布置视图，画基准线。

5）画出各形体的三视图底稿。一般画形体的顺序为：先实后空，先大后小，先画轮廓，后画细节。画每个形体时，要从反映形体特征的视图出发，并将三个视图联系起来画。

6）检查图稿，加深图线。

（5）读组合体的方法

1）形体分析法。一般是从反映组合体形状特征较多的主视图入手，结合其他视图，通过“分线框、对投影，识形体、定位置，综合起来想整体”的方法，达到读懂视图、想象出组合体整体形状的目的。

2）线面分析法。线面分析法就是在应用形体分析法的基础上，对切割型组合体的被切割部位，运用线面的投影规律，分析视图中的线条、线框的含义，弄清组合体表面的形状和相对位置，综合起来进行读图的方法。读图时，先确定视图中要分析的线或线框，按投影规律和各视图的相互关系找出它们在各视图中的投影，然后再根据线、面的投影特性逐一想象和判断其形状，并确定它们之间的相对位置，最后想象出组合体的结构形状。

（6）组合体的尺寸标注　采用形体分析的方法，将组合体划分为几个简单形体，确定组合体的基准，对每个简单形体分别标注定形尺寸和定位尺寸，然后再标注总体尺寸，最后检查尺寸标注是否符合基本要求并进行必要的调整。

4. 实践举例

例： 补画图5-1所示支座的左视图。

解： 采用形体分析法作图。

1）了解支座的结构特征，利用形体分析法将视图分解。

通过形体分析可知，主视图较多地反映了支座的形状特征，因此，从主视图入手，按照画线框的方法，将主视图中的图形分解成若干个基本组成部分。如图5-2所示，将支座主视图分成三个线框。

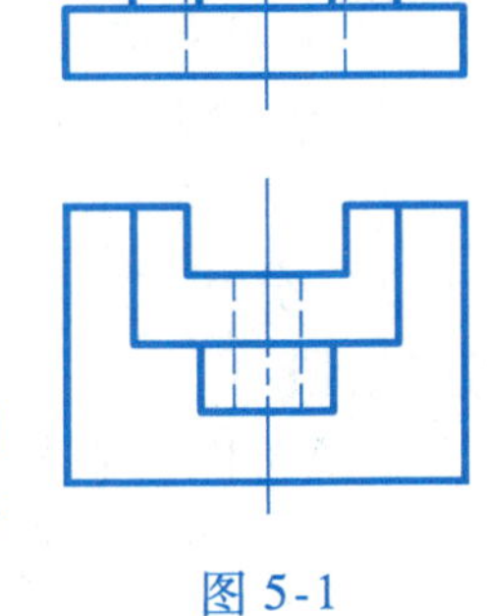

图5-1

2）分析各组成部分的投影关系，识别形体并判断各基本形体之间的位置关系。

根据分解后各组成部分的视图想象出各自的空间形状。先从主视图看起，根据“长对正、高平齐、宽相等”的投影规律，分别找出各个线框在其他视图中所对应的投影，根据每个线框在各个视图中的投影关系，想象出各部分形体的形状，并确定它们之间的相对位置。

图5-3表示该支座的线框Ⅰ为一长方形底板，根据高度和厚度可先补画出长方形底板的左视图。图5-4表示线框Ⅱ为长方体，其位置在长方形底板的上方和后方，为一长方形立板，长方形立板左右对称，画出其左视图。

对照主、俯视图可知，图5-5中的线框Ⅲ是一个顶部为半圆形的凸块，凸块位于长方形底板Ⅰ的上部，其后面则与长方形立板Ⅱ相贴合，根据三等原则作出其左视图，如图5-5所示。

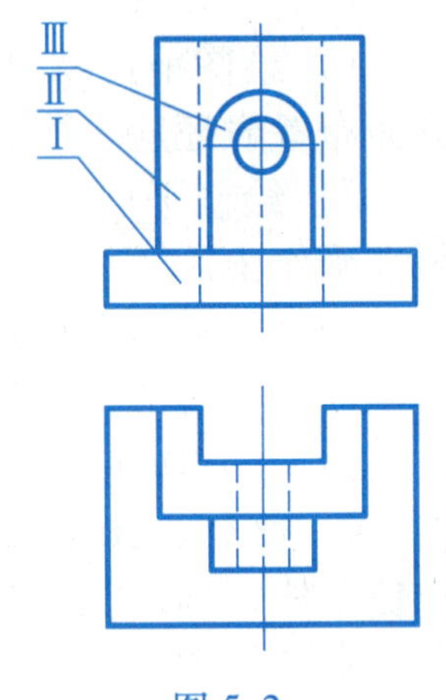

图5-2

3）综合归纳，想象出支座的整体形状。在综合考虑各基本形体形状及其相对位置关系的基础上，想象出主、俯视图所表示的支座的完整结构形状，并在其后部开槽，凸块中间穿孔，得到最终的完整的左视图，如图5-6所示。

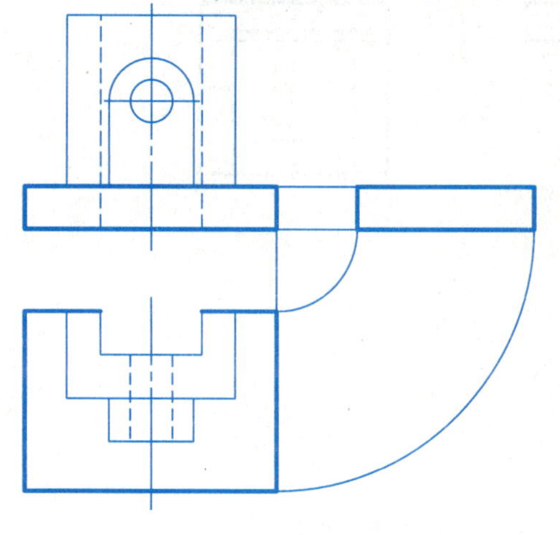

图5-3 分析支座的线框Ⅰ

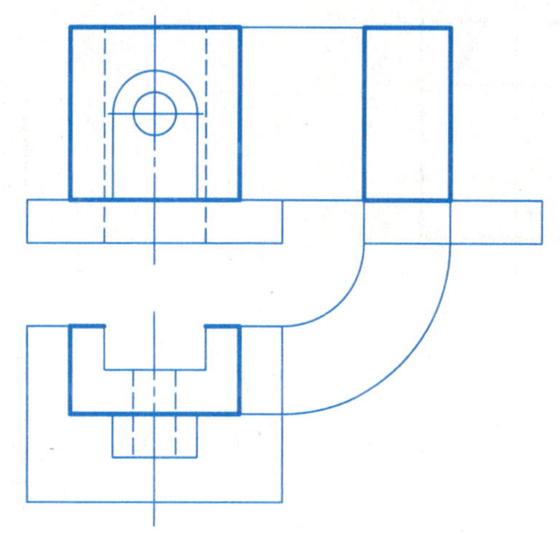

图5-4 分析支座的线框Ⅱ

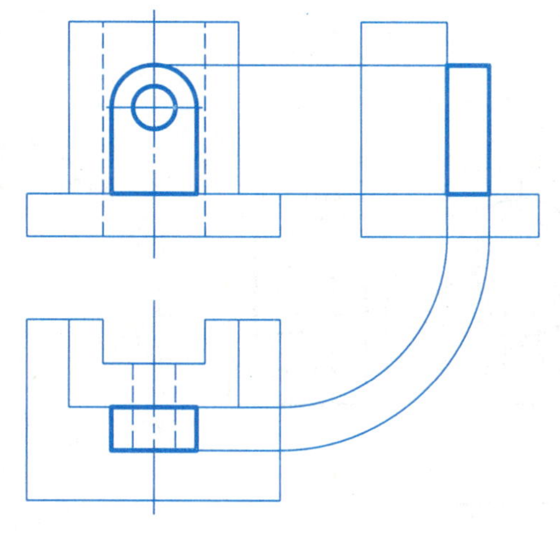

图5-5 分析支座的线框Ⅲ

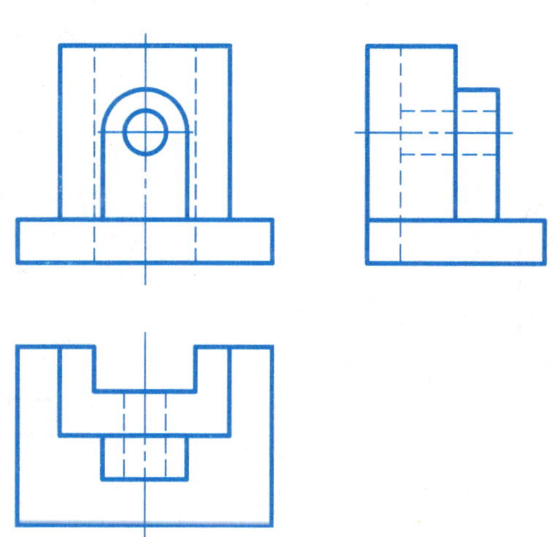

图5-6 综合起来想整体，完成左视图

实践内容

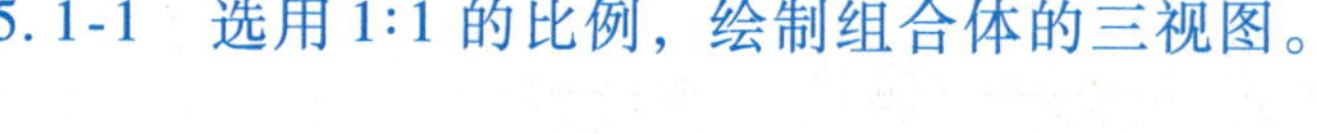

5.1-1 选用1:1的比例，绘制组合体的三视图。

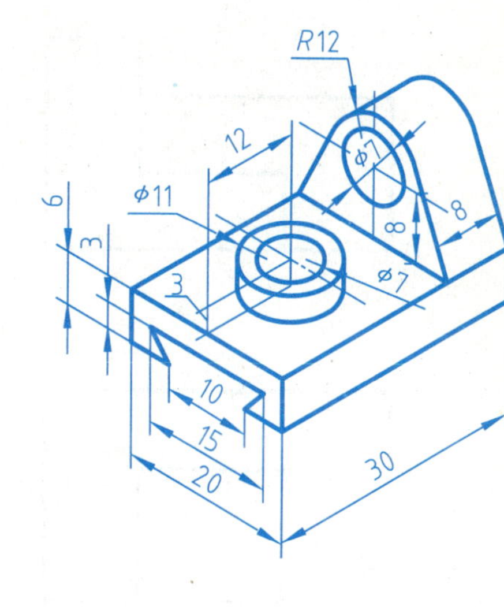

5.1-2 选用1:5的比例，绘制组合体的三视图。

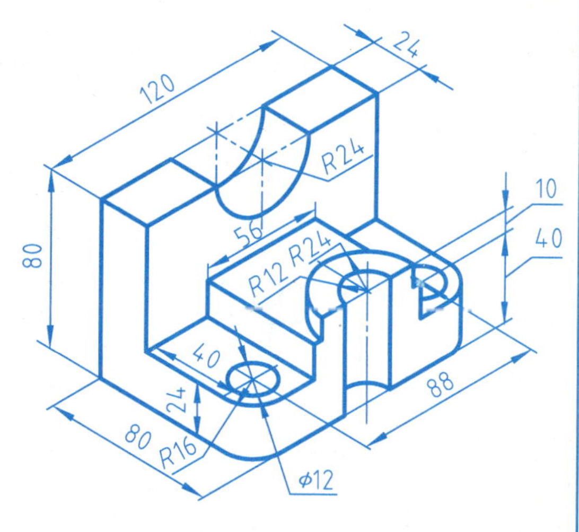

 班级 姓名 学号

标注组合体的尺寸（尺寸数字从图上量取整数）。

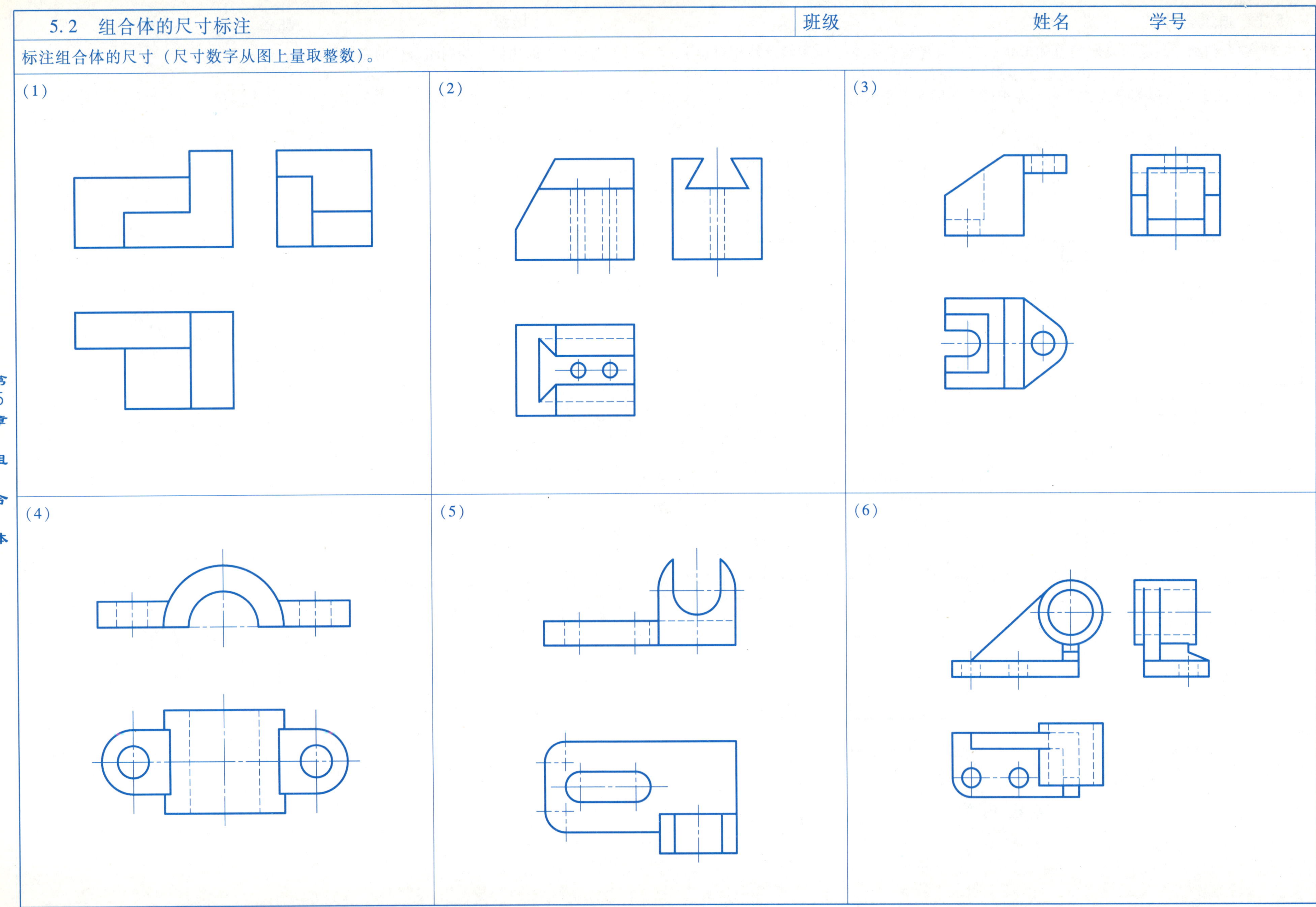

5.3 补画投影图中所缺图线

班级 姓名 学号

对照立体图，补画投影图中所缺图线。

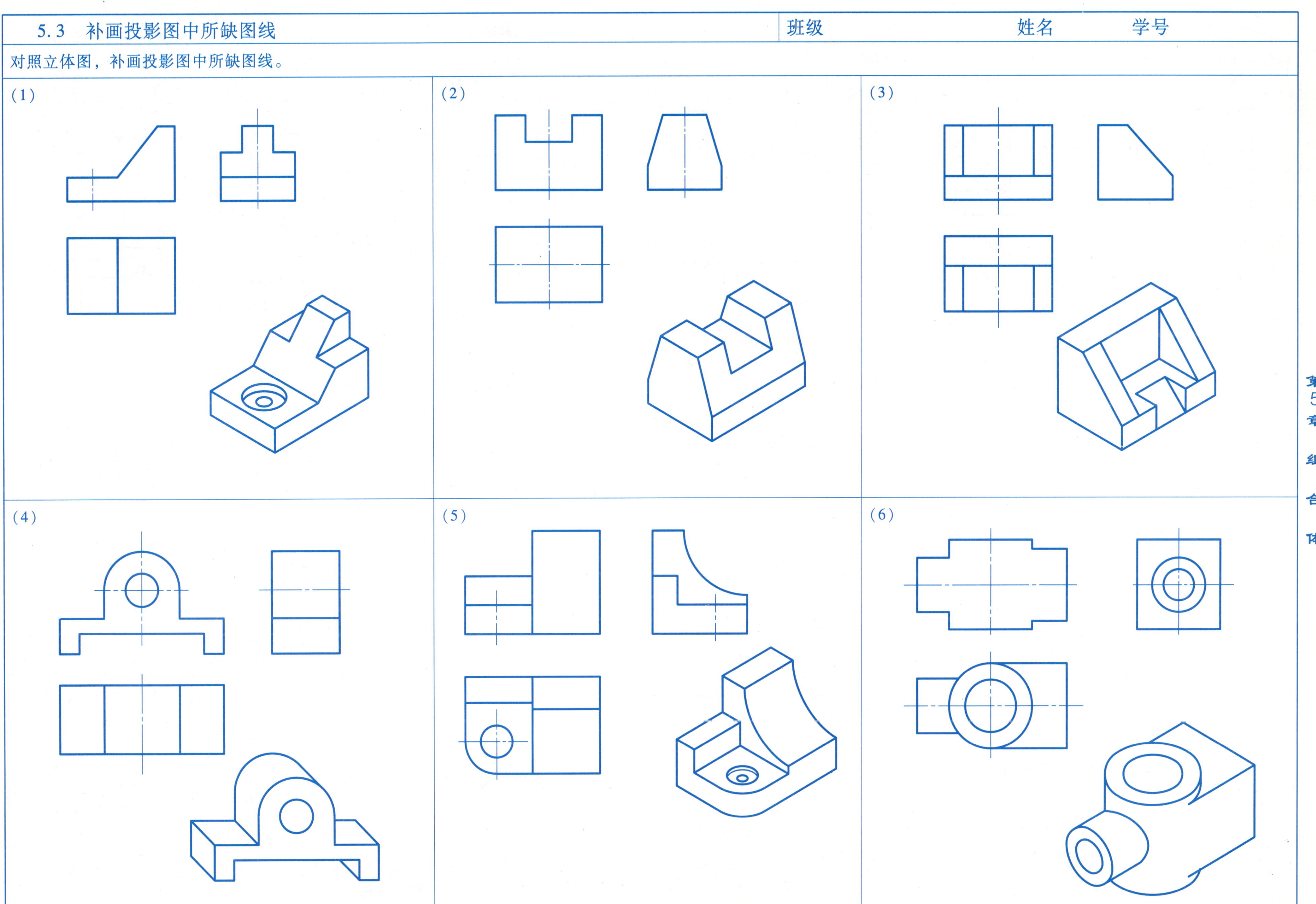

5.4　组合体上的线、面空间位置分析	班级　　　　　　　　姓名　　　　　学号

对照立体图，在三视图中标出指定的线和平面，并回答问题。

(1)

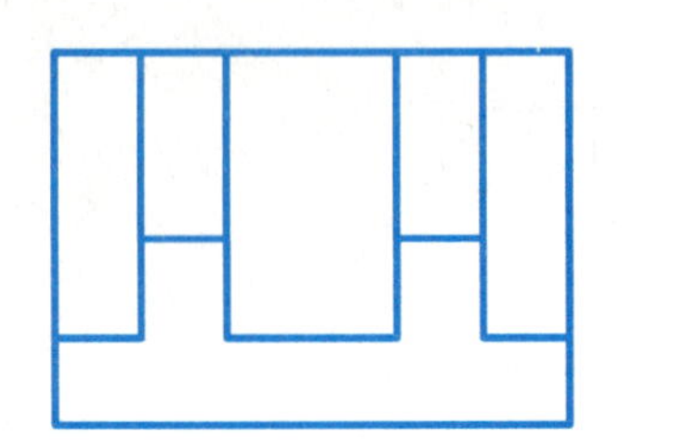

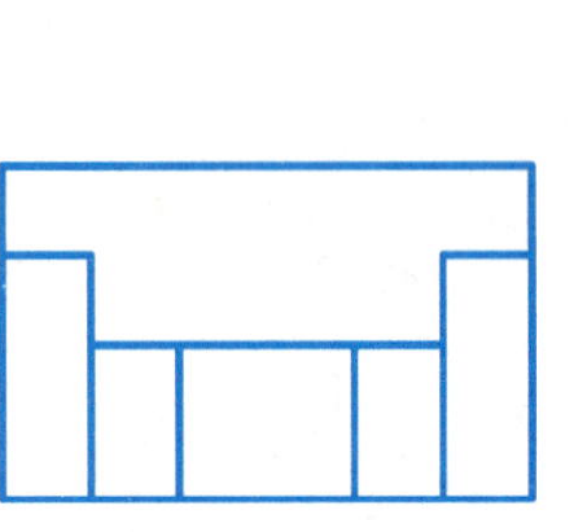
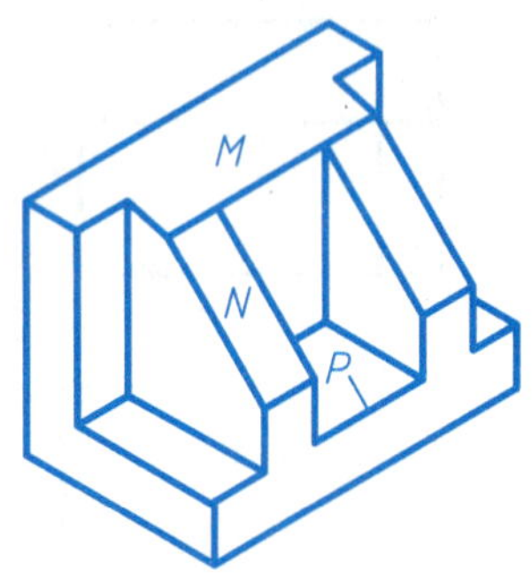

面 *M* 和面 *N* ______（共面、相交），直线 *P* 是______（哪种特殊位置直线）。

(2)

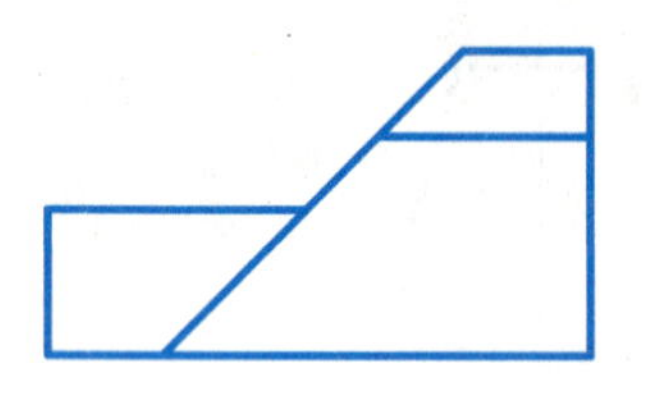
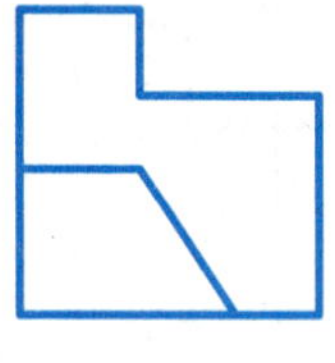
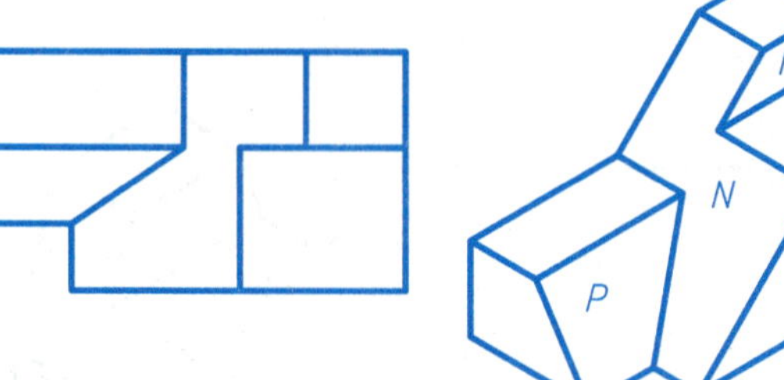

面 *M* 是______，面 *N* 是______，面 *P* 是______（哪种特殊位置平面）。

(3)

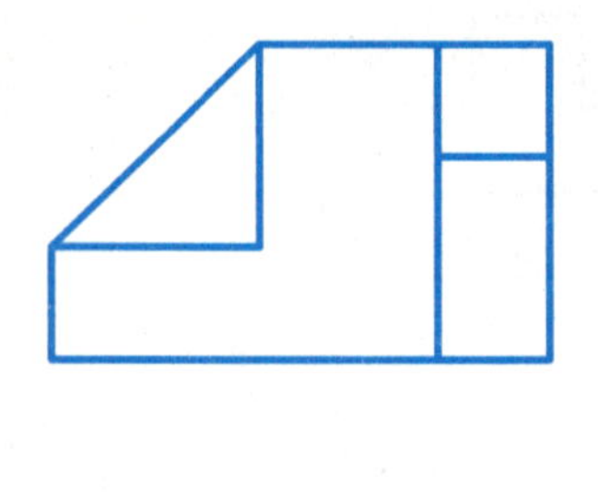
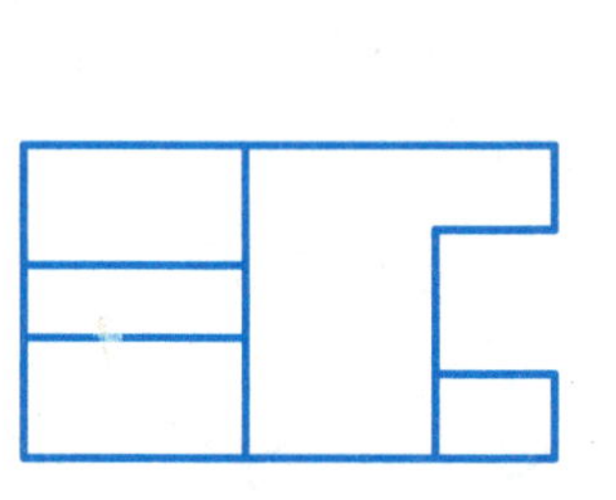
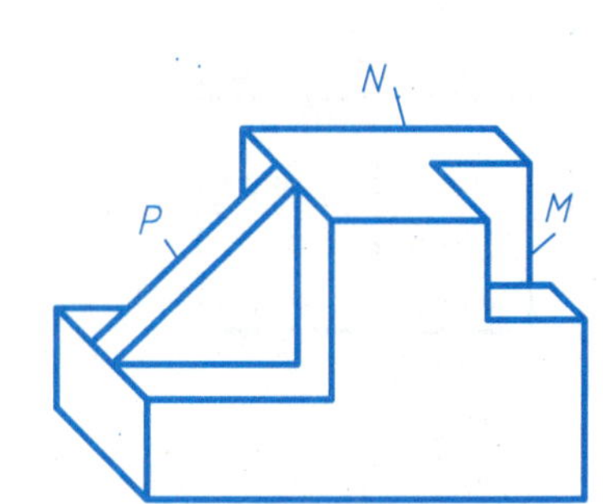

M 是______，*N* 是______，*P* 是______（哪种特殊位置直线）。

第5章　组合体

(4)

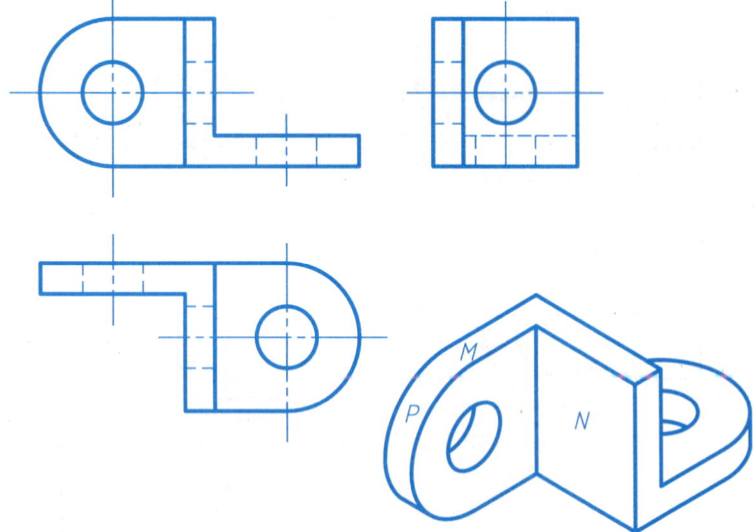

面 *M* 和面 *N* ______（共面、相交），面 *P* 和面 *M* ______（平行、共面、相交）。

(5)

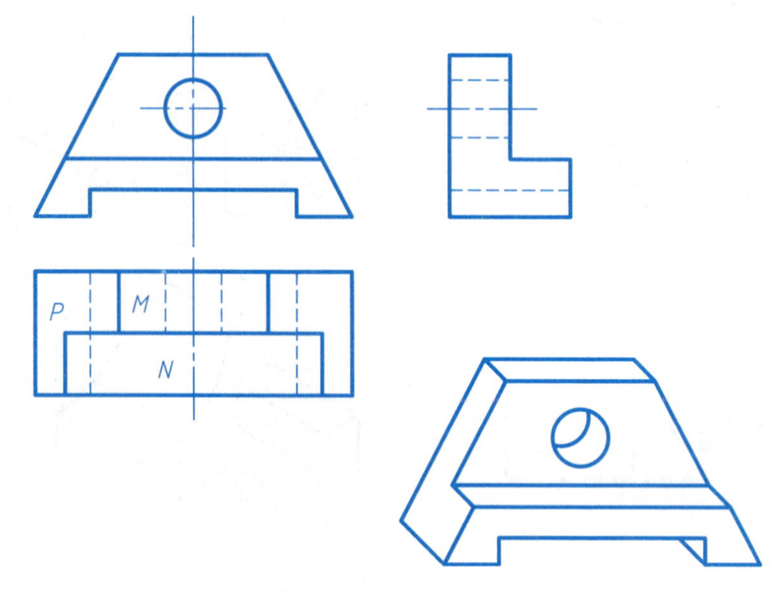

面 *P* 是______（哪种特殊位置平面），面 *N* 和面 *M* ______（平行、共面、相交）。

(6)

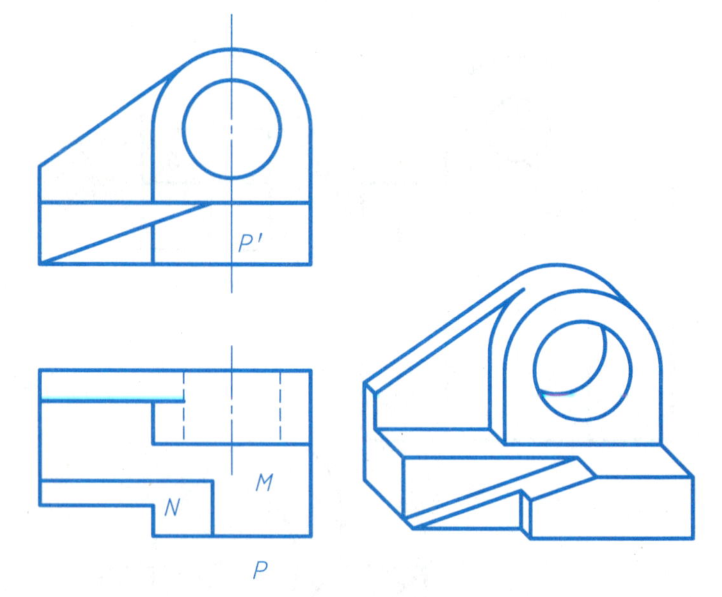

面 *M* 和面 *N* ______（共面、相交），面 *P* 是______（哪种特殊位置平面）。

5.5 读组合体的视图（1）

班级　　　　　　　姓名　　　　　学号

5.5-1　读组合体的三视图，并在圆圈内填写右边相应的轴测图的图号。

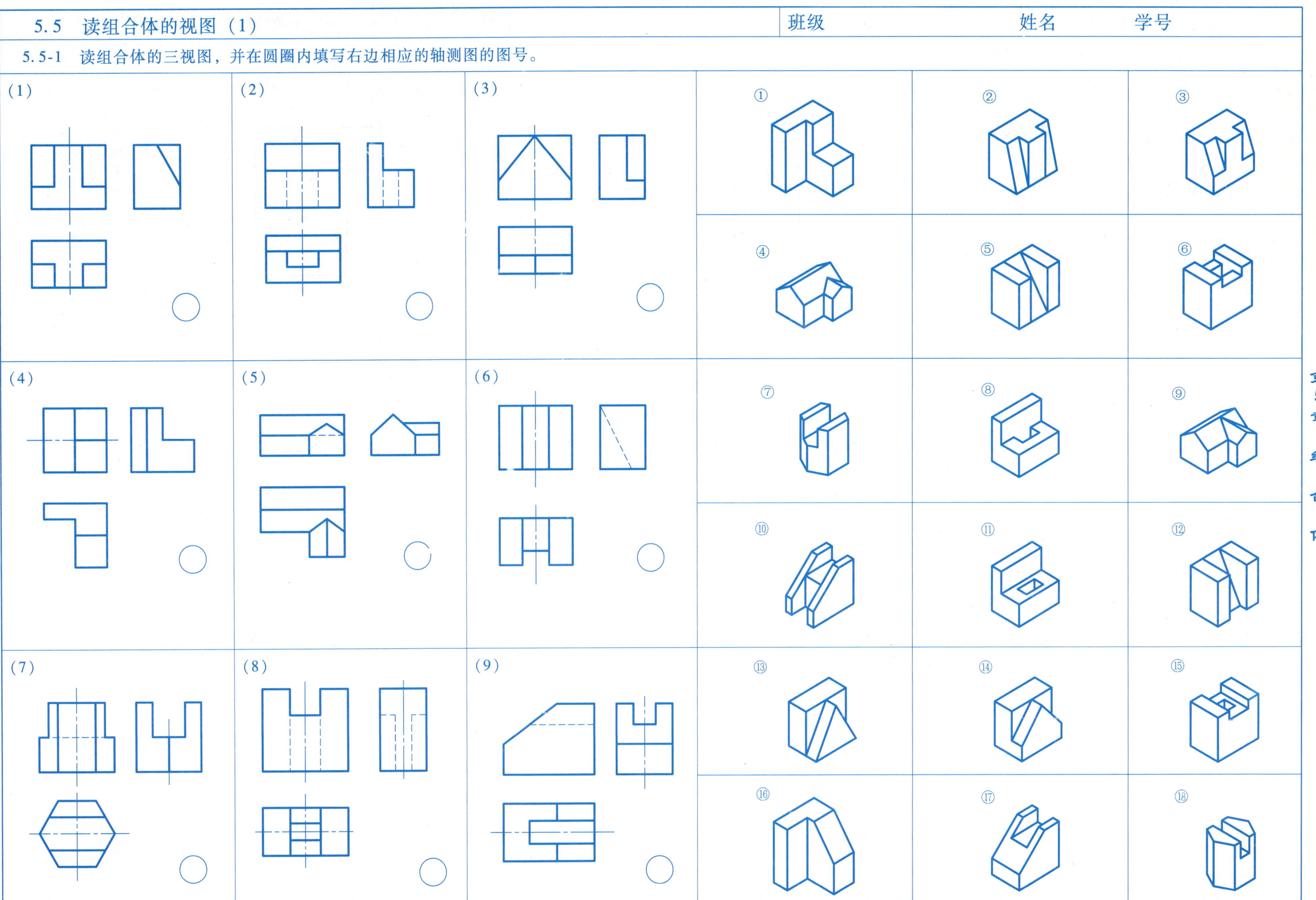

5.5-2　读懂组合体视图并补画第三视图。

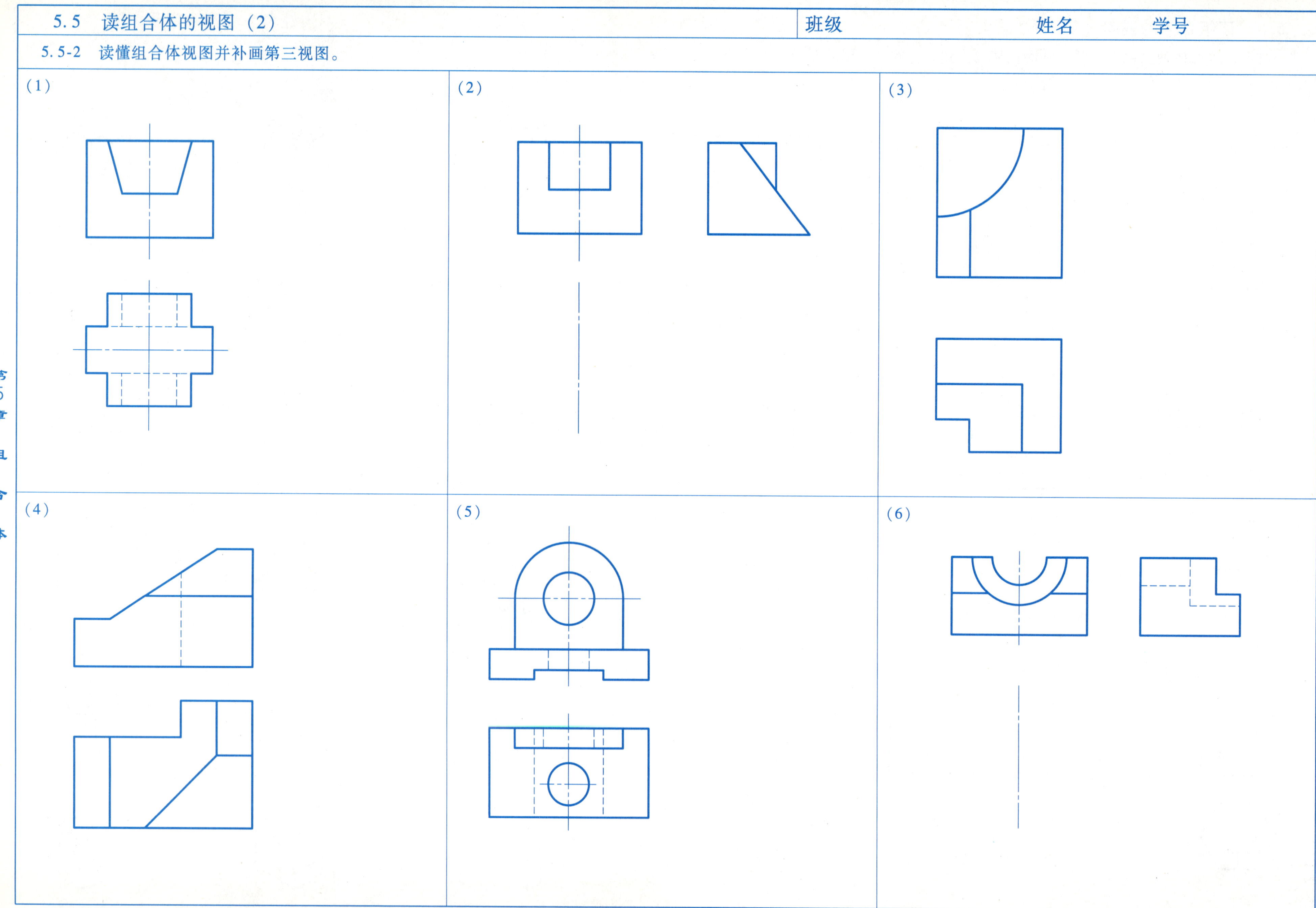

5.5 读组合体的视图（3）

班级　　　　姓名　　　　学号

5.5-3　读懂组合体视图并补画左视图。

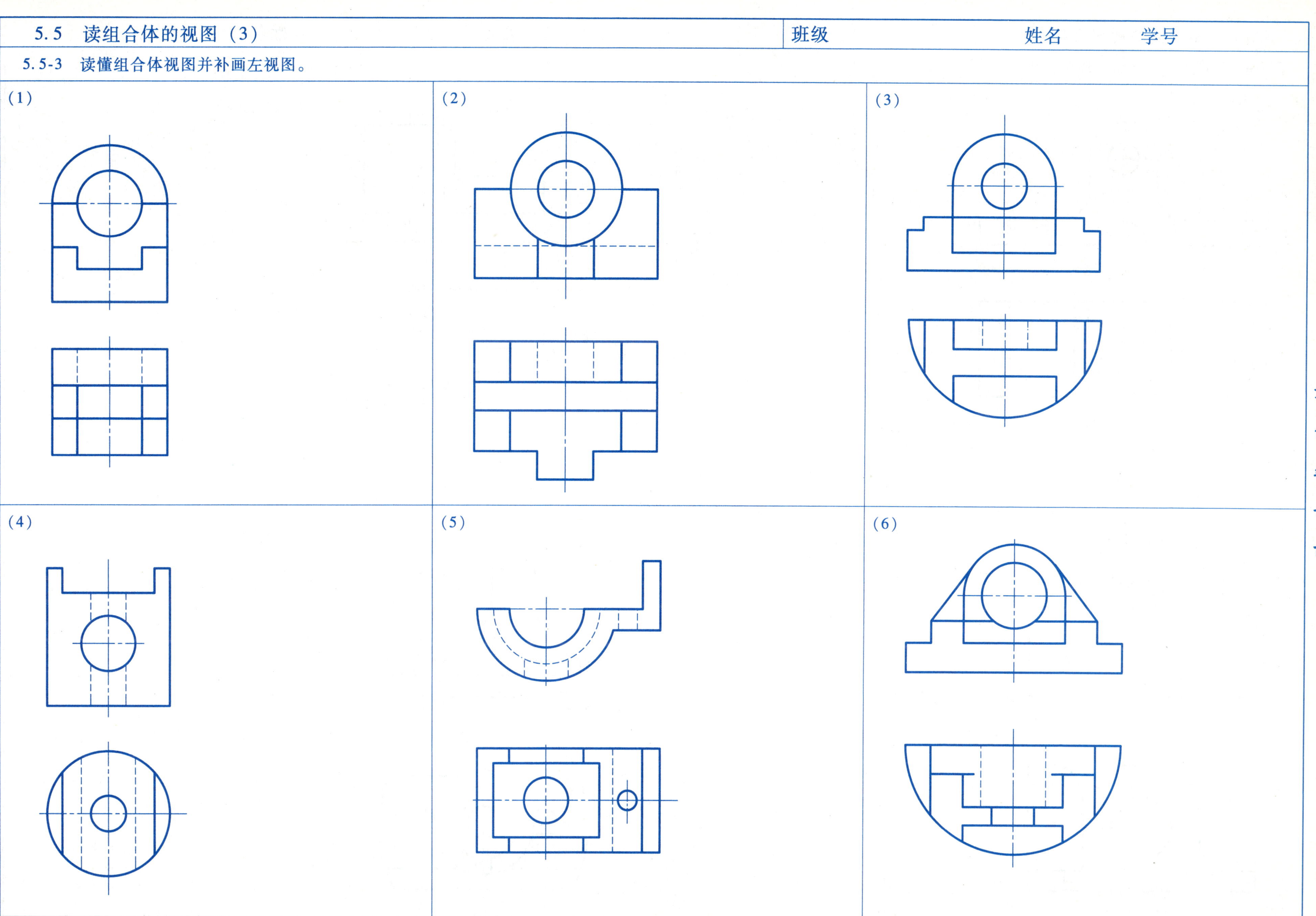

5.5-4 读懂组合体视图并补画左视图。

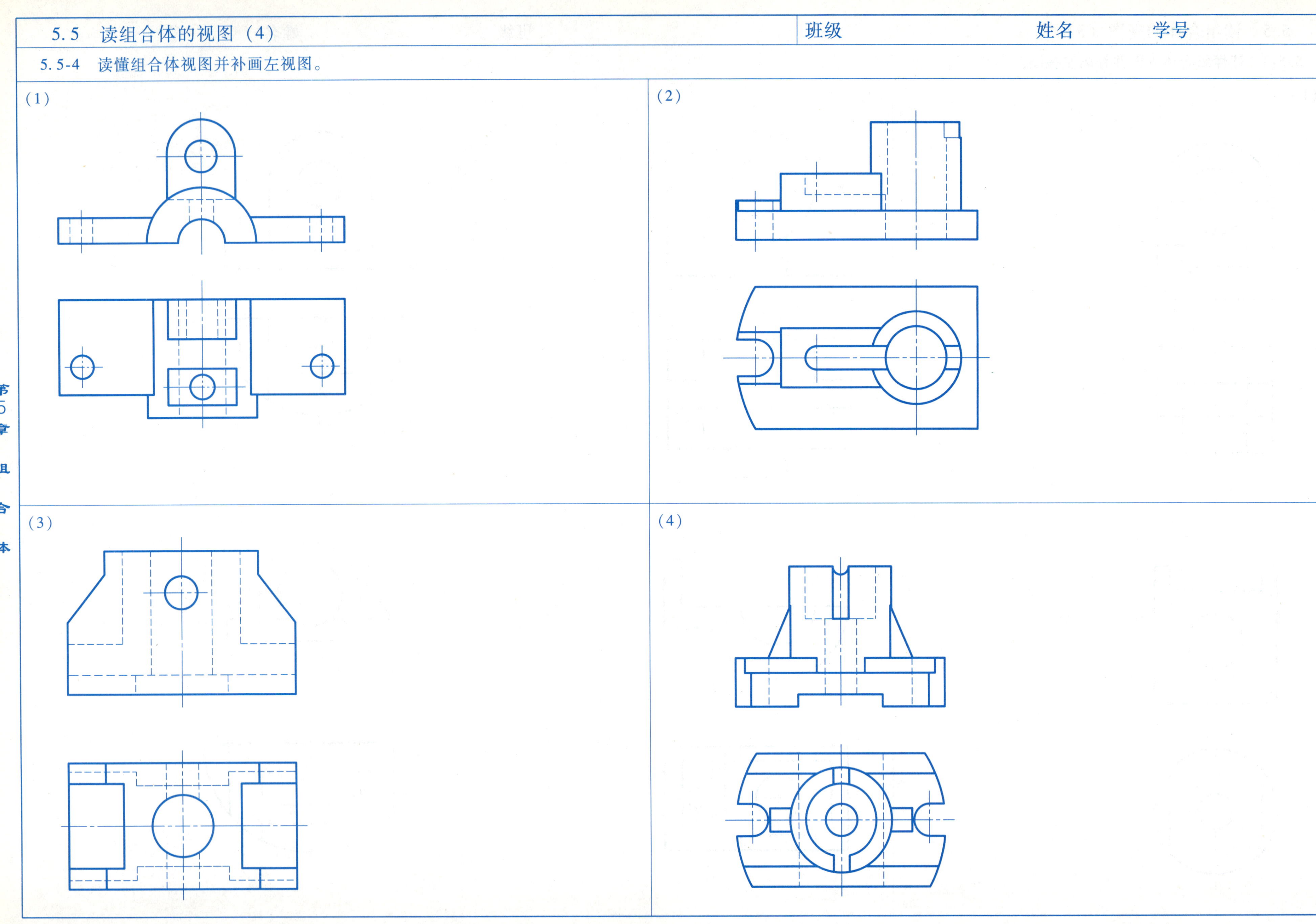

5.6 组合体的构型设计

班级　　　　姓名　　　　学号

5.6-1 根据相同的主视图，自行设计不同的组合体，并画出俯视图和左视图。

5.6-2 构思一组合体并画出三视图，使其三视图外轮廓与下面所给的三视图相同。

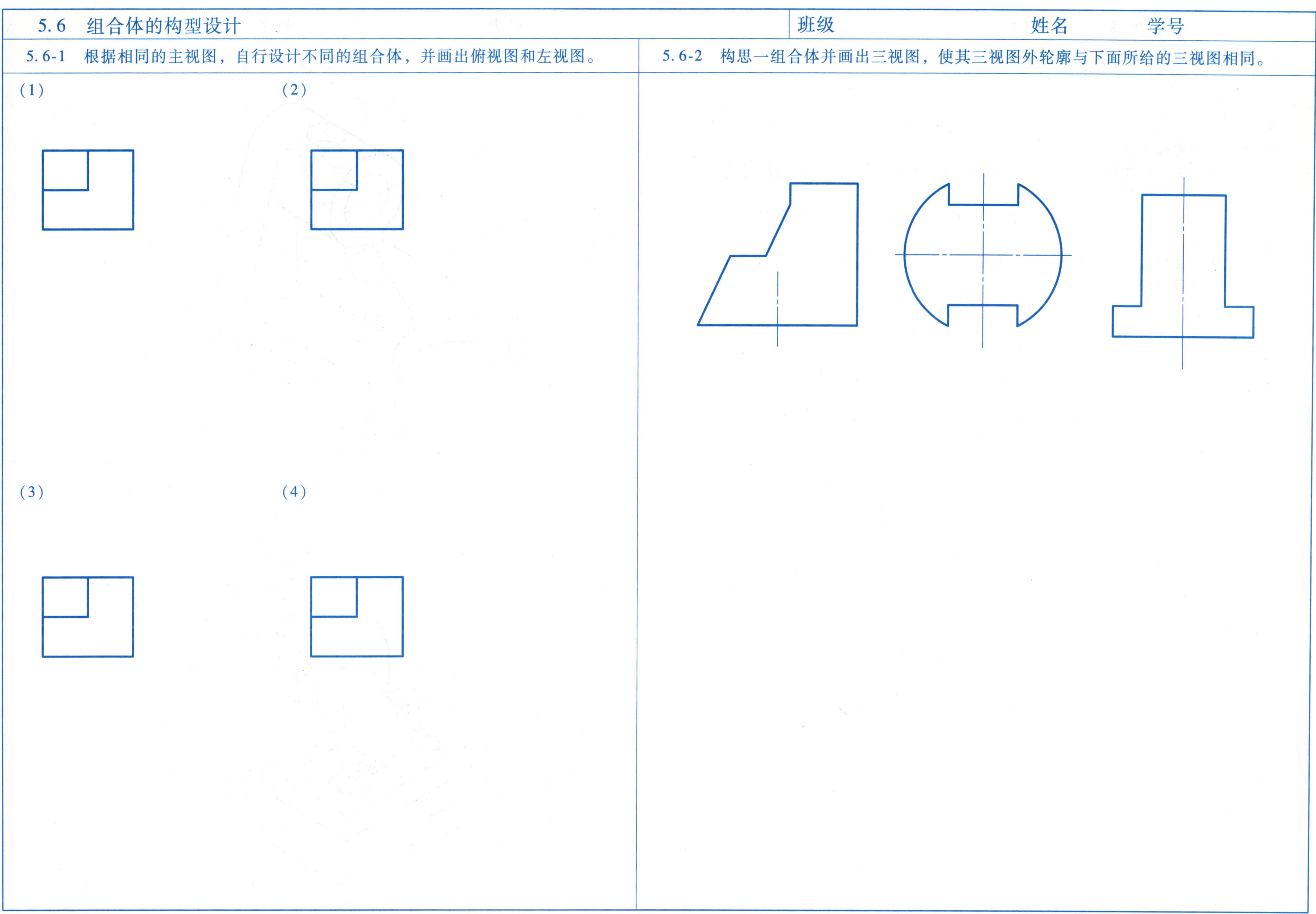

第2次制图作业指导——组合体	班级　　　　　　　　　姓名　　　　　学号

1. 图名、图幅、比例

1）图名：组合体。

2）图幅：A3。

3）比例：1:1。

2. 目的、内容和要求

（1）目的　进一步理解空间形体与三视图之间的对应关系，巩固运用形体分析法画组合体的视图及标注尺寸。

（2）内容　任意选择本作业中的一个组合体（轴测图）绘制组合体的三视图，并标注尺寸。

（3）要求　完整地表达组合体的内外形状。标注尺寸要完整、清晰、合理。

3. 步骤及注意事项

1）对所绘组合体进行形体分析，选择主视图，按轴测图所注尺寸布置三个视图的位置（注意视图间预留出标注尺寸的位置），画出各视图的中心线和底面的位置。

2）逐个画出组合体中各基本形体的三视图（注意表面相切和相贯时的画法）。

3）标注尺寸时应注意不要照搬轴测图上的尺寸注法，应重新考虑视图上尺寸的配置。保证尺寸标注正确、完整、清晰。

4）完成底稿，经仔细校核后再加深。

（1）

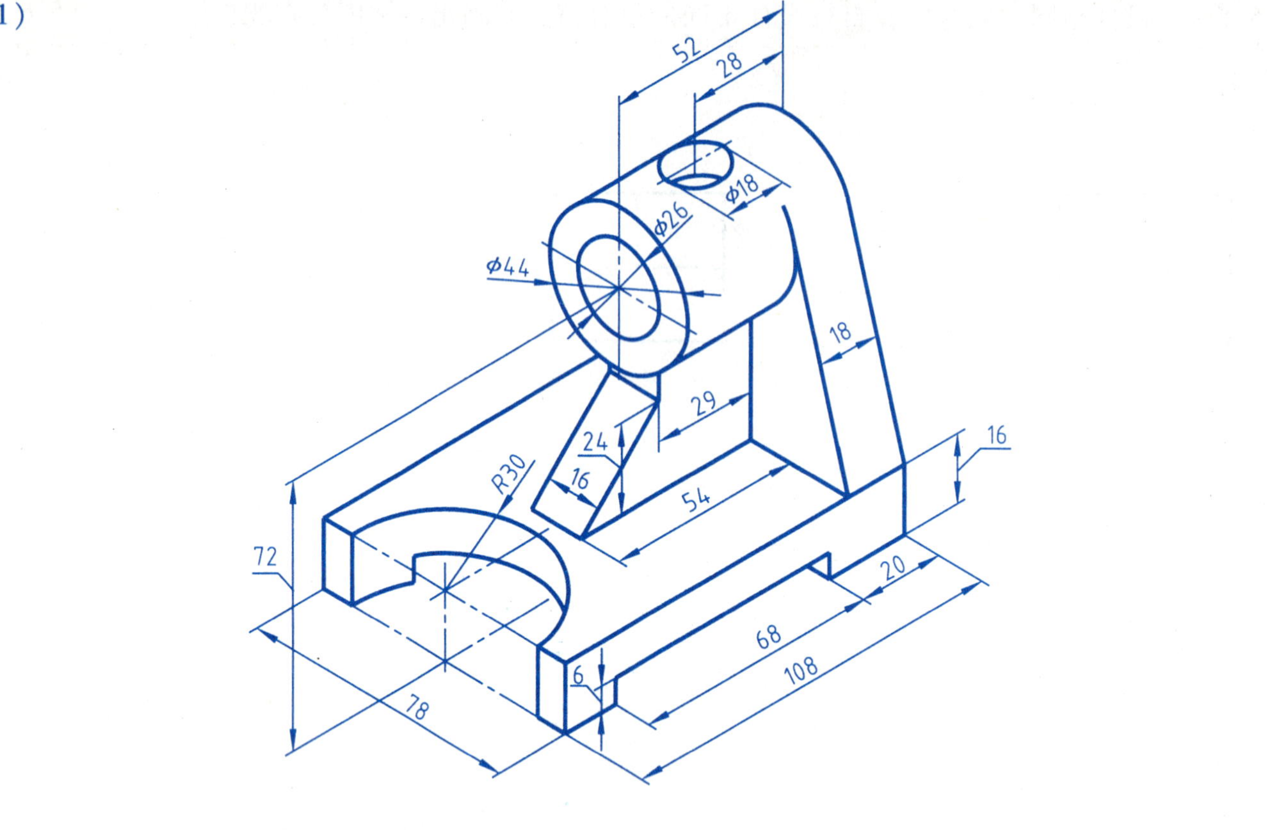

（2）

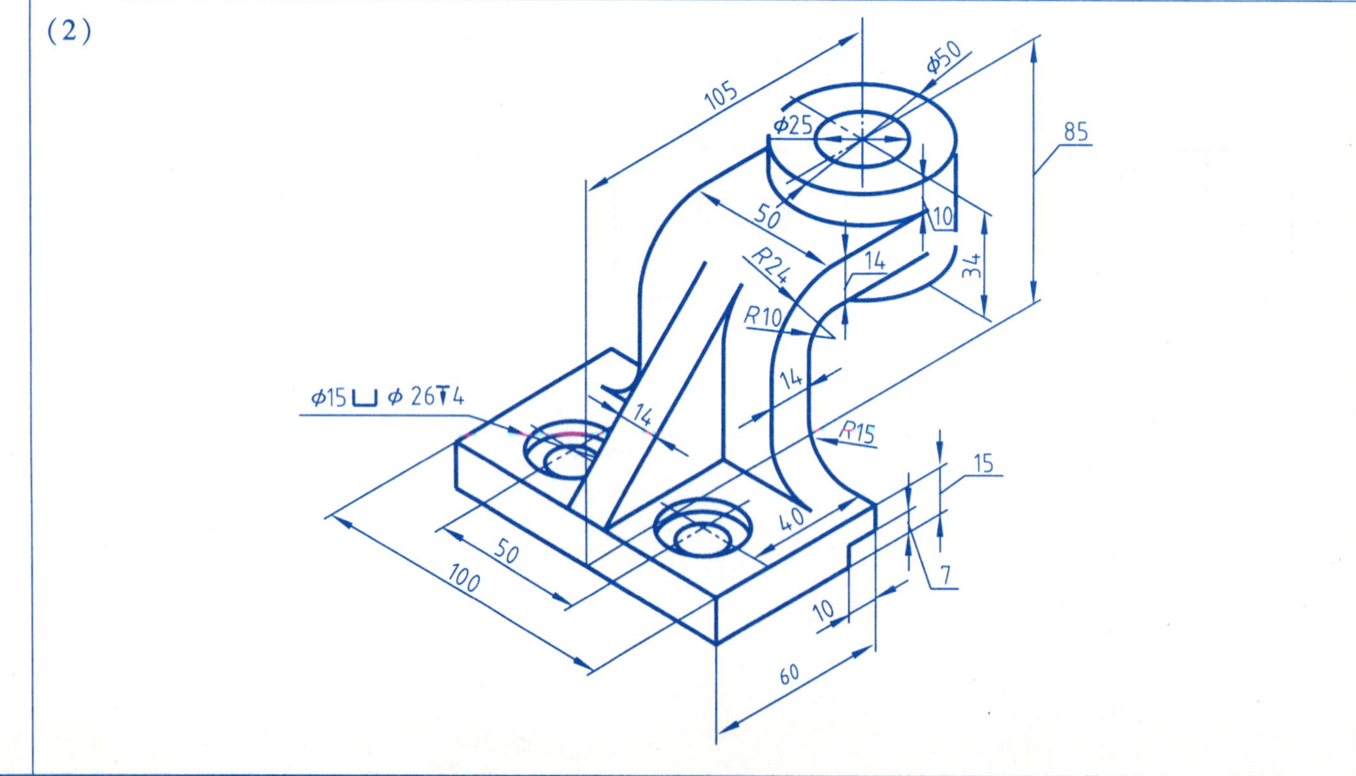

第6章　轴　测　图

实践指导

本章主要学习轴测投影图的基本知识和工程上常用的两种轴测图画法，要重点掌握物体的正等测和斜二测画法。学会画轴测图对后续课程的学习和将来的工作实践都是很有益的。

1. 实践目的

工程制图中一般采用多面正投影法绘制物体的投影图，这种投影图可以完全确定物体的形状和大小，并且具有作图简便和度量性好的优点。但二维平面图形直观性差，缺乏立体感。为了帮助看懂图样，在工程中常采用三维立体感较强的轴测投影图来表达物体的结构形状、工作原理及使用说明，以弥补正投影图的不足。

2. 基本要求

1）掌握轴测图的概念、形成原理。

2）掌握轴测图的分类、参数及常用画图方法。

3）掌握正等轴测图的形成、参数、画法。

4）掌握各种基本形体、回转体、组合体的正等轴测图画法。

5）掌握斜二轴测图的形成、参数、画法。

6）掌握各种基本形体、回转体、组合体的斜二轴测图画法。

7）掌握徒手绘制轴测草图的方法。

8）掌握轴测剖视图的绘制方法，以及平面立体三视图及其表面上点、线的作图方法。

3. 实践的要点和方法

（1）正等轴测图的形成及参数　正等轴测图的轴间角都是120°，各轴向伸缩系数都相等，即 $p_1=q_1=r_1\approx0.82$。为使作图简便起见，常采用简化系数，即 $p=q=r=1$。

（2）平面立体正等轴测图的画法　在一般情况下，常用正等轴测图来表达物体。画正等轴测图的方法有坐标法、切割法和综合法三种。

（3）回转体正等轴测图的画法

1）圆的正等轴测图画法。平行于坐标面的圆的正等轴测图都是椭圆，椭圆的画法采用菱形四心圆法绘制。

2）组合体的正等轴测图的画法。画组合体的正等轴测图是应用前面所提到的综合法。该法是先对组合体进行形体分析，弄清形体的组成情况，遵循先画主体、后画细节，先画整体、后作挖切的原则，按它们的相对位置关系逐一画出，最后擦去各形体之间不该有的交线和被遮挡的图线，即可完成作图。

（4）基本体的斜二轴测图的画法

1）平面立体的斜二轴测图画法。

2）圆的斜二轴测图画法。

（5）轴测剖视图的画法

1）先画出物体完整的轴测外形图，然后在轴测图上确定剖切平面的位置，画出剖面，擦除剖切掉的部分，并补画内部看得见的结构和形状。

2）先画出剖面的轴测投影，然后再画出剖切后看得见轮廓的投影。这样可减少不必要的作图线，使作图更为迅速。

4. 实践举例

例：画出图6-1a所示水平圆的正等轴测图。

解：1）通过圆心 O 作坐标轴和圆的外切正方形，切点分别为 A、C、B、D。

2）作出轴测轴和各切点 A_1、C_1、B_1、D_1，通过这些点分别作 Y 轴、X 轴的平行线，得到外切正方形的正等轴测图菱形，并作对角线；菱形的对角线分别为椭圆长轴、短轴的方向，如图6-1b所示。

3）1、2点为菱形的顶点，分别连接 $1A_1$、$1B_1$，交长轴于点3、4，则1、2、3、4为圆心，如图6-1c所示。

4）分别以1、2为圆心，以 $1B_1$（或 $1A_1$）为半径画大圆弧 A_1、B_1、C_1、D_1；以3、4为圆心，以 $3A_1$（或 $4B_1$）为半径画小圆 A_1D_1、B_1C_1，如此连成近似椭圆，如图6-1d所示。

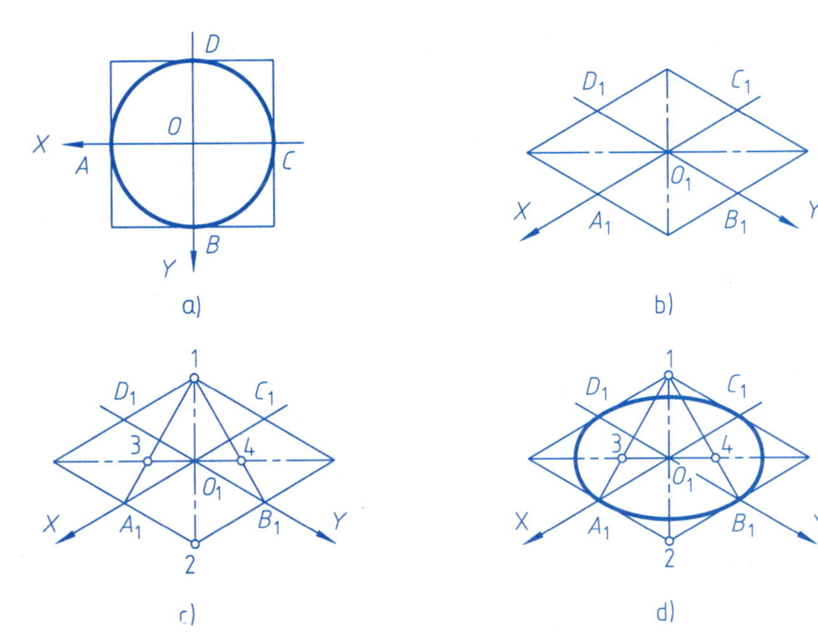

图6-1

实践内容

6.1 画正等轴测图

班级　　　　　　　　姓名　　　　　　学号

根据组合体所给视图，在空白处画出其正等轴测图。

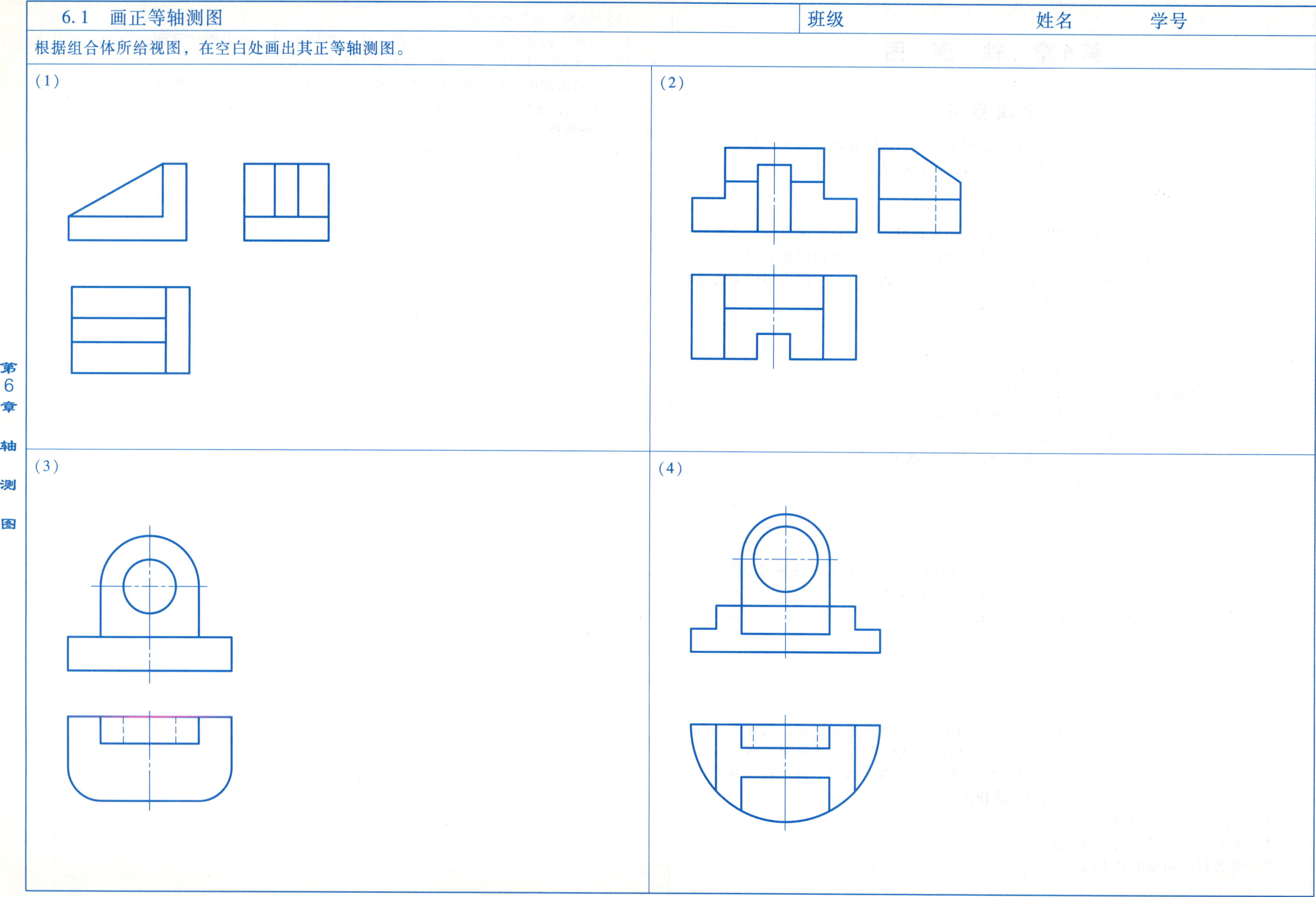

6.2 画斜二轴测图

班级	姓名	学号

根据组合体所给视图，在空白处画出其斜二轴测图。

(1)

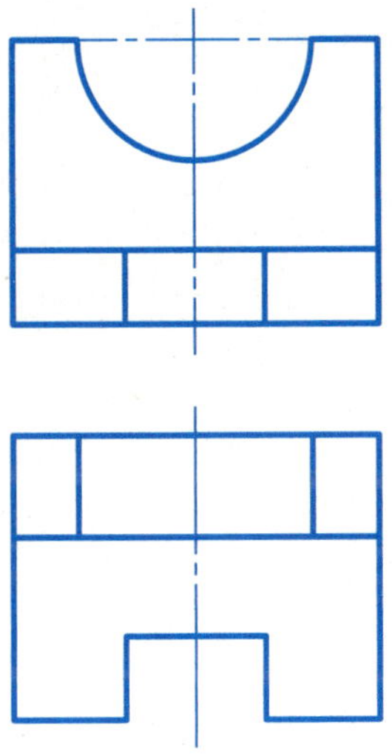

(2)

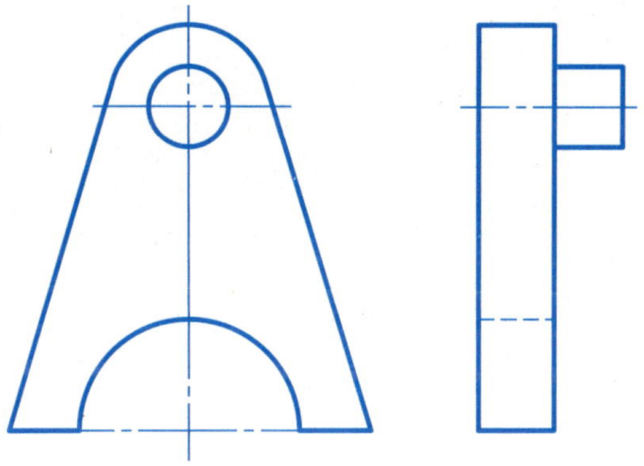

(3)

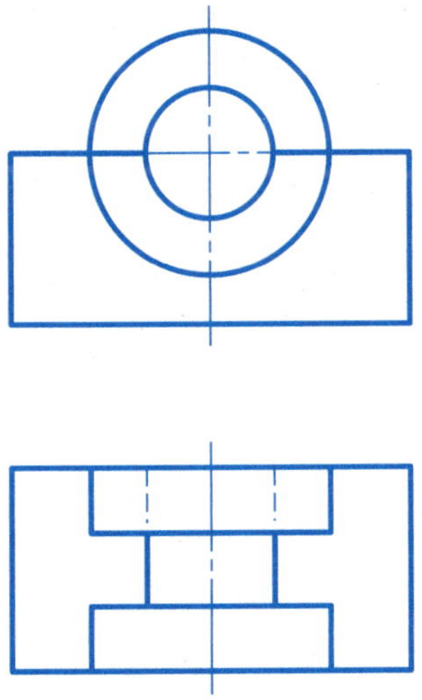

(4)

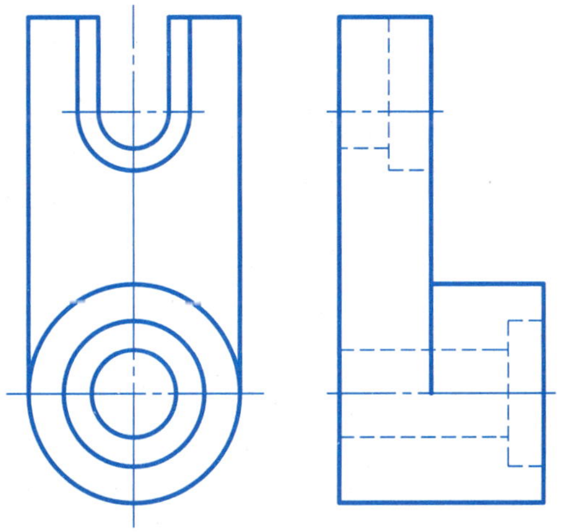

班级　　　　姓名　　　　学号

6.3-1 根据所给组合体视图，在空白处徒手画出其轴测图。

6.3-2 根据所给组合体视图，在空白处画出其轴测剖视图。

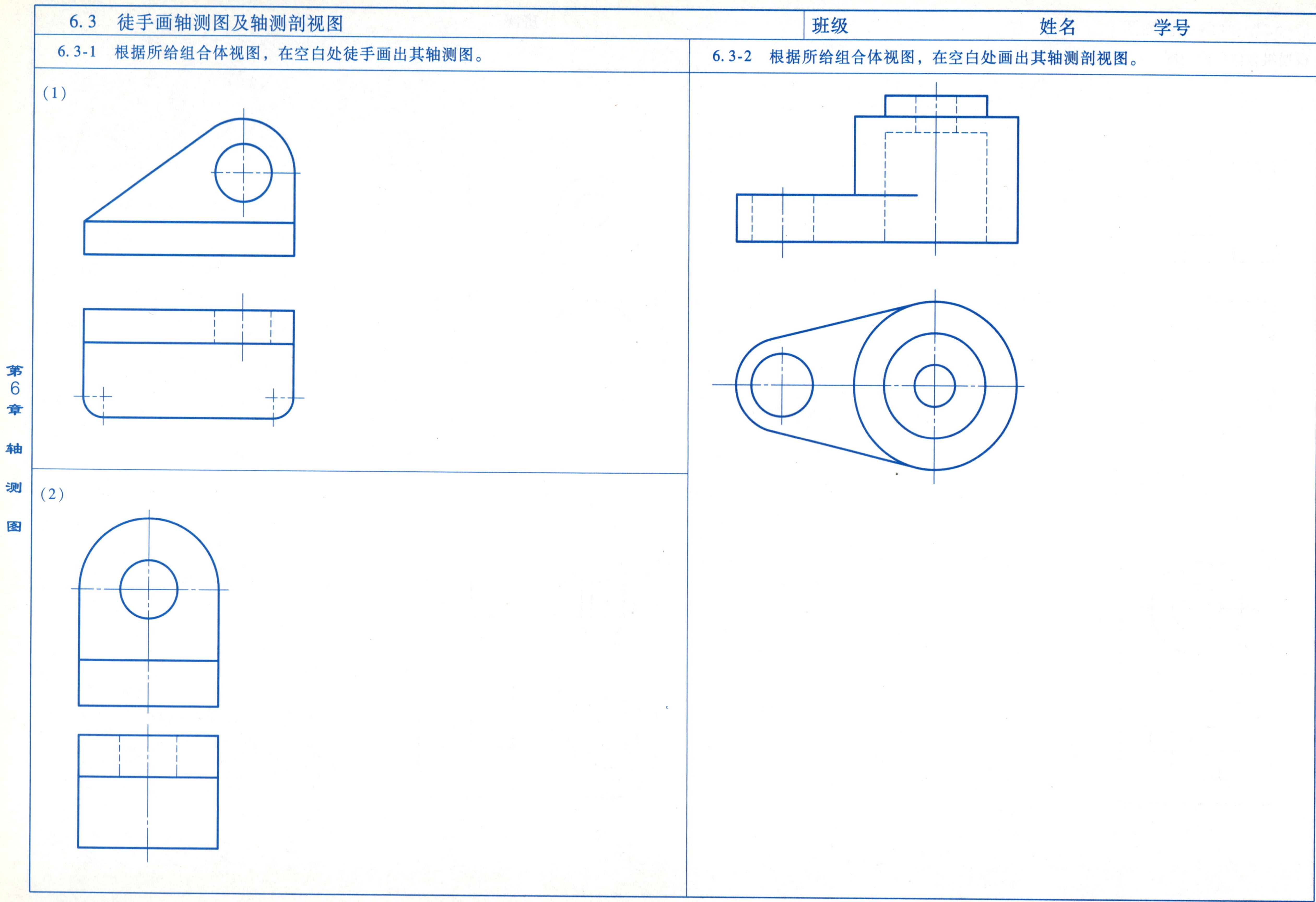

1. 图名、图幅、比例

1）图名：轴测图。

2）图幅：A3。

3）比例：1∶1。

2. 目的、内容和要求

（1）目的　进一步理解轴测投影的基础知识，熟练应用形体分析法绘制组合体的正等轴测图和斜二轴测图。

（2）内容　绘制本作业中所给组合体的轴测图。

（3）要求　根据组合体的形状结构特征，选择适合的正等轴测图或斜二轴测图表达形体。要求绘制方法正确、规范，所绘图形完整、清晰。

3. 步骤及注意事项

1）对所绘组合体进行形体分析，选择合适的轴测图画法。

2）根据图中所注尺寸设计安排轴测图的位置，先画出轴测轴进行定位。

3）按照形体分析法，逐一画出每一组成部分的轴测图。

4）完成底稿后，擦除多余图线，加深可见轮廓线，完成作图。

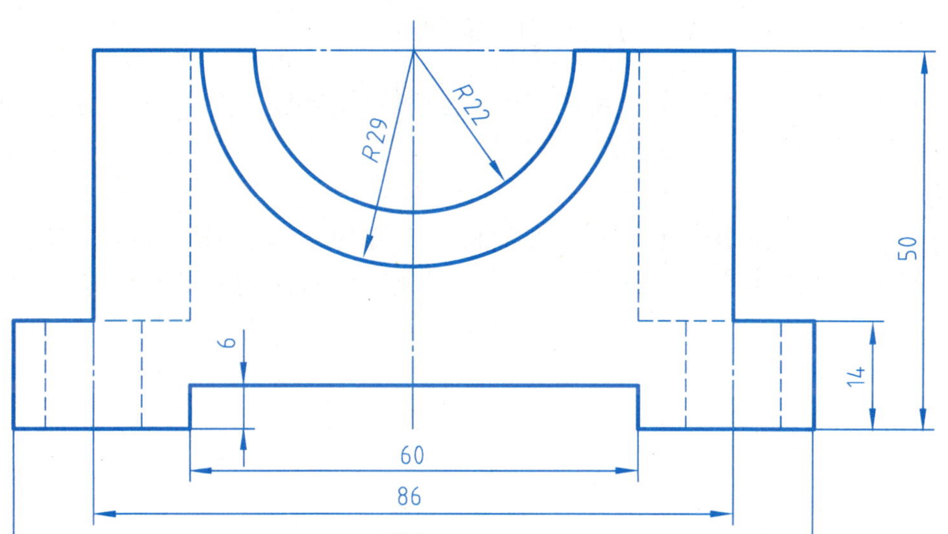

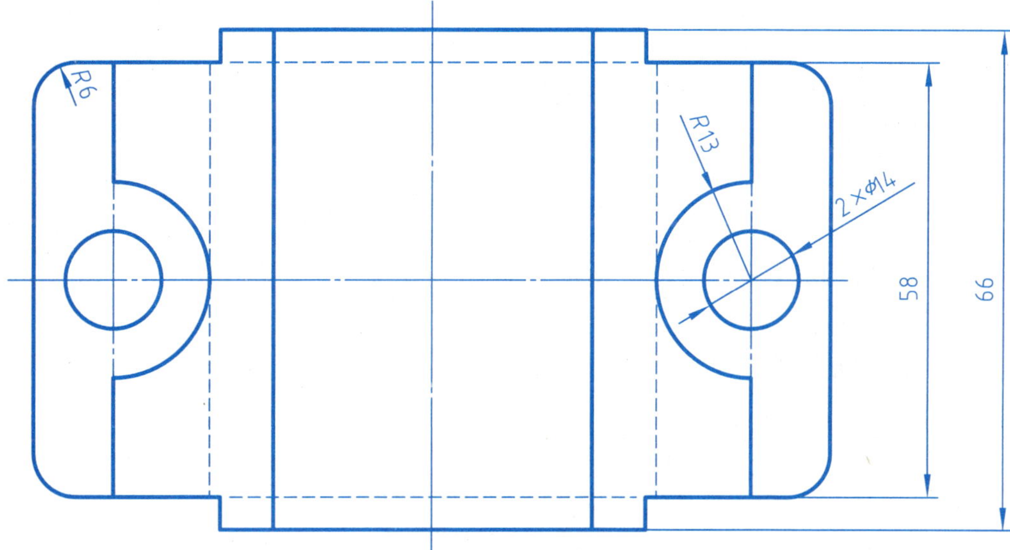

第 7 章　机件的图样画法

实践指导

本章主要学习各种视图、剖视图和断面图的画法和标注方法，学习一些简化画法和规定画法，从而掌握机件的表达方法。

1. 实践目的

机械制图的主要目的是培养学生绘制和阅读机械图样的基本能力。如何将各种表达方法综合运用到读图和绘图中去，必须研究视图、剖视图、断面图及其他规定画法、简化画法等作图方法，这些表达方法在表达机件时有着各自的特点和应用场合。因此，本章的实践目的是掌握视图、剖视图、断面图等机件表达方法，能够正确地将各种表达方法综合运用到读图和绘图中。

2. 基本要求

1）掌握基本视图、向视图、局部视图、斜视图的画法和标注。

2）掌握剖视图的概念，全剖、半剖和局部剖视图的画法和标注。

3）掌握断面图的概念、种类、画法和标注。

4）掌握规定画法和简化画法。

3. 实践的要点和方法

（1）视图　视图是表达机件外部结构形状的基本方法，它包括基本视图、向视图、局部视图和斜视图。

1）基本视图：六种视图，固定配置，不标注。

2）向视图：六种视图，任意配置，标注。

3）局部视图：局部图形或局部完整图形，按照基本视图方式配置或按照向视图方式配置与标注。

4）斜视图：局部图形或完整图形，按照向视图方式配置与标注。

（2）剖视图

1）全剖视图：全剖视图主要用于表达机件的内部结构，用于外形简单、内形复杂的不对称机件，或不需表达外形的对称机件。

2）半剖视图：兼顾表达机件的内外结构。用于内、外形都需表达的对称或基本对称（不对称部分的形状必须由其他视图表达清楚）的机件。

3）局部剖视图：兼顾表达机件的内外结构。用于内、外形都需表达的不对称机件或不宜采用半剖视的对称机件。注意局部剖视图边界线的画法。

（3）剖切面的种类

1）单一剖切面：单一的斜剖切面和单一的柱面剖切面。

2）多个剖切面：多个平行的剖切面和多个相交的剖切面。

（4）断面图

1）移出断面图：画在视图外，轮廓线用粗实线表示。

2）重合断面图：画在视图内，轮廓线用细实线表示。

（5）剖视图与断面图的标注方法

1）标注的三要素：剖切线、剖切符号和剖视图或断面图的名称（大写拉丁字母）。剖切线也可省略不画。

2）剖切符号的起、止和转折线不能与图中的粗实线、虚线相交，剖视图或断面图的名称应写在图形上方。

4. 实践举例

例：如图 7-1 所示，将主视图画成半剖视图，并补画全剖的左视图。

解：1）确定剖切平面的位置 *A—A*，如图 7-2 中俯视图所示。

2）将剖切面前面部分移走，将剩余部分由前向后投射。

3）以中心线为分界线，将主视图左边一半画成视图，右边一半画成剖视图，如图 7-2 中主视图所示。

4）确定剖切平面的位置 *B—B*，如图 7-2 中俯视图所示。

5）将剖切面左面部分移走，将剩余部分由左向右投射，得到全剖的左视图，如图 7-2 所示。

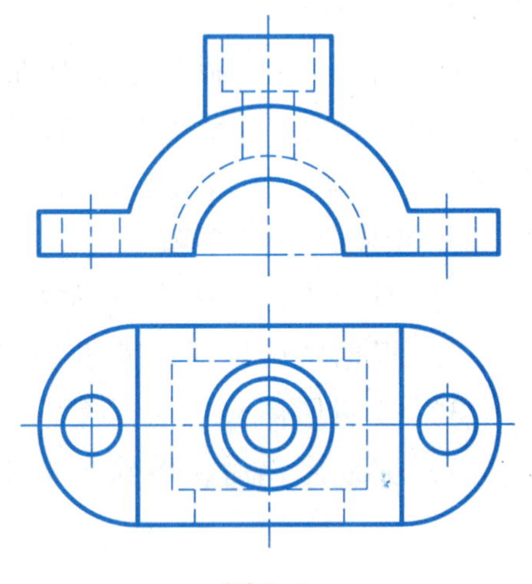

图 7-1

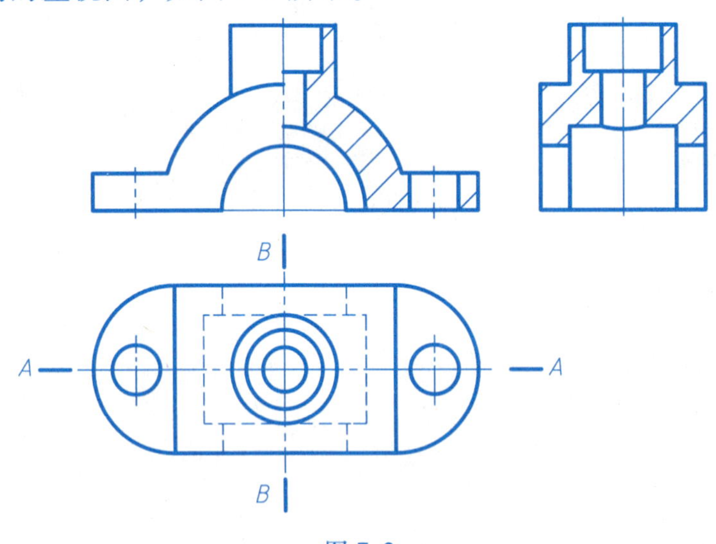

图 7-2

实践内容

7.1 视图

班级　　　　姓名　　　　学号

7.1-1 已知物体的主、俯、左视图，画出物体的其他三个基本视图。

7.1-2 在指定位置画出相应的向视图。

7.1-3 在指定位置画出 *A* 局部视图。

7.1-4 在指定位置画出相应的局部视图和斜视图（注：下端方形法兰的四个圆角为 *R*5）。

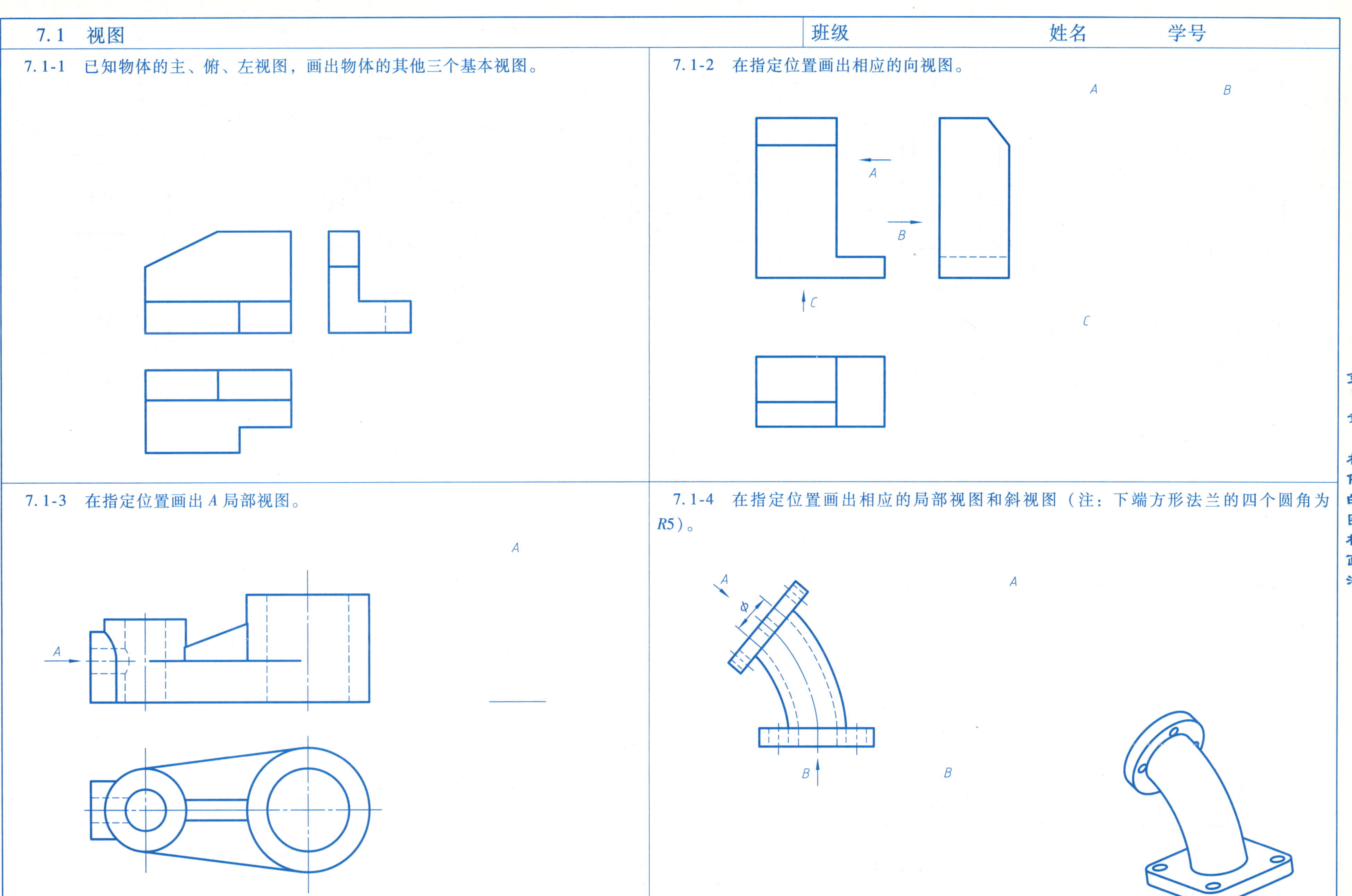

7.2 剖视图的概念

班级　　　　姓名　　　　学号

7.2-1 补画剖视图中缺漏的线。

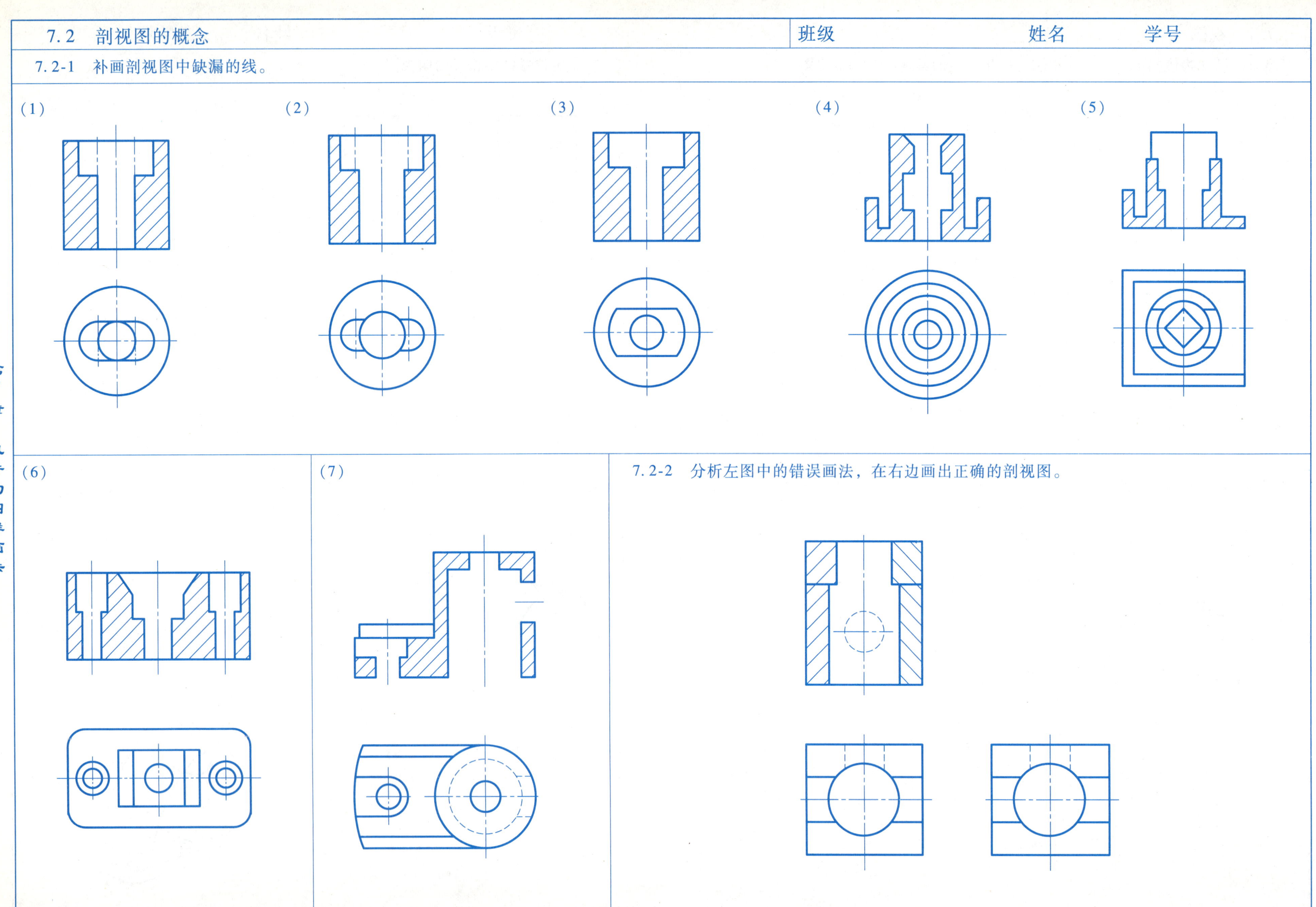

7.2-2 分析左图中的错误画法，在右边画出正确的剖视图。

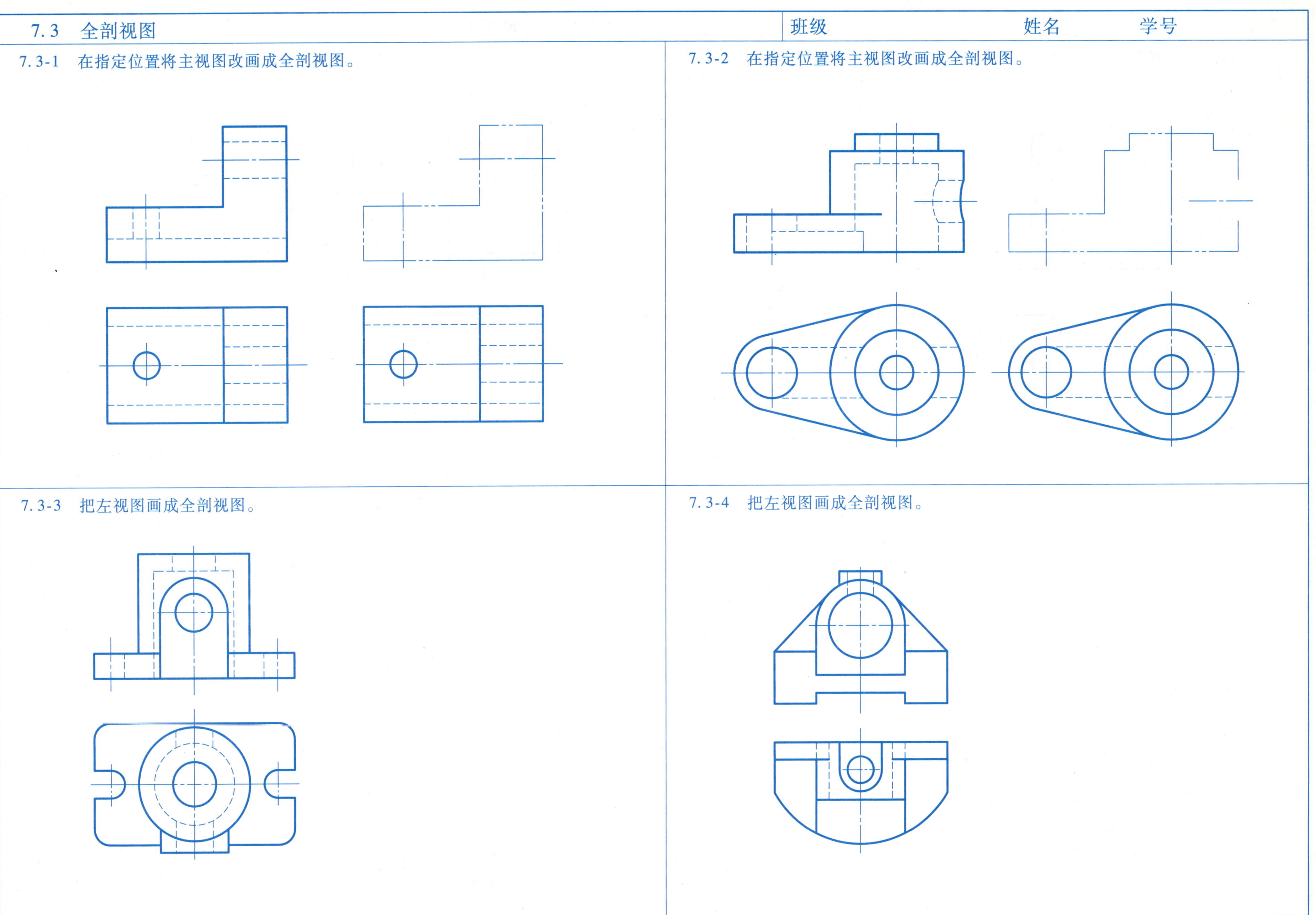

7.3-1　在指定位置将主视图改画成全剖视图。

7.3-2　在指定位置将主视图改画成全剖视图。

7.3-3　把左视图画成全剖视图。

7.3-4　把左视图画成全剖视图。

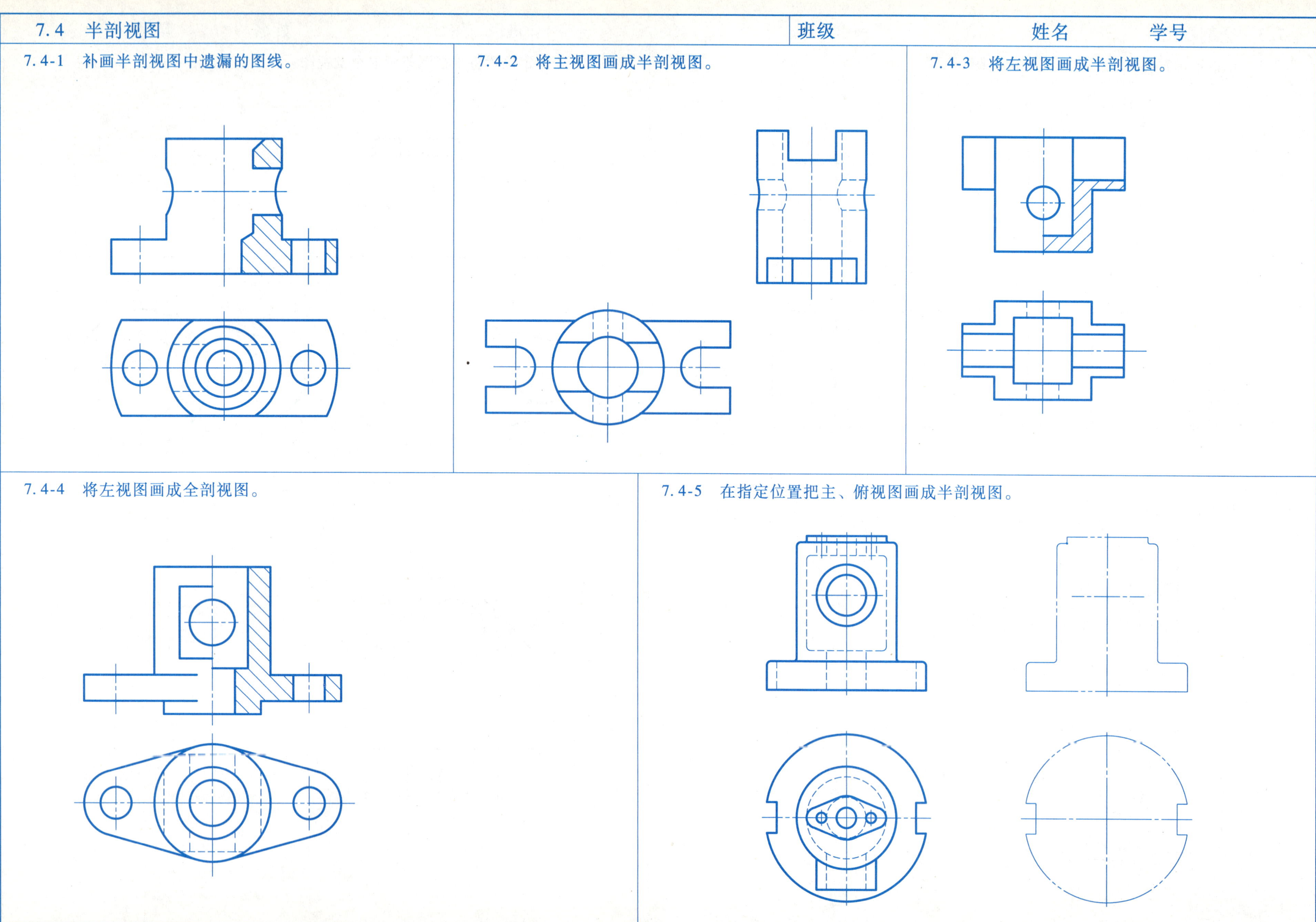

7.4-1 补画半剖视图中遗漏的图线。

7.4-2 将主视图画成半剖视图。

7.4-3 将左视图画成半剖视图。

7.4-4 将左视图画成全剖视图。

7.4-5 在指定位置把主、俯视图画成半剖视图。

7.5-1　将主视图波浪线右侧画成局部剖视图。

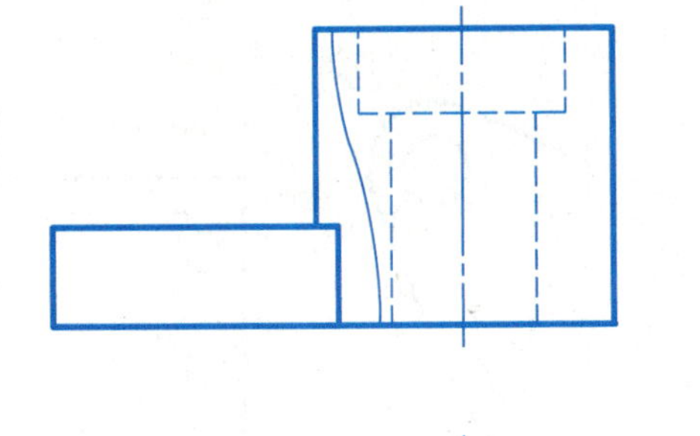

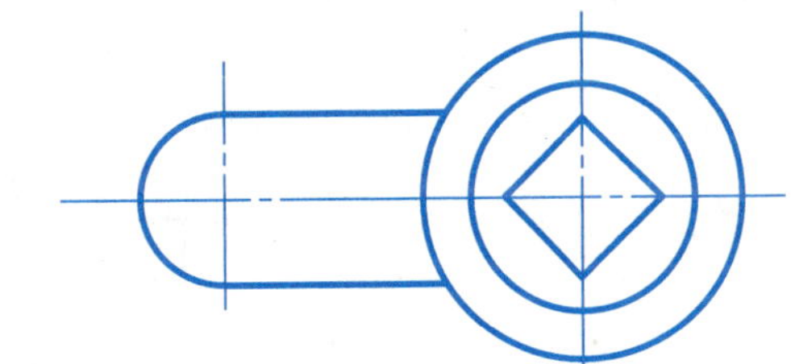

7.5-2　改正剖视图中的错误，将正确的剖视图画在右侧。

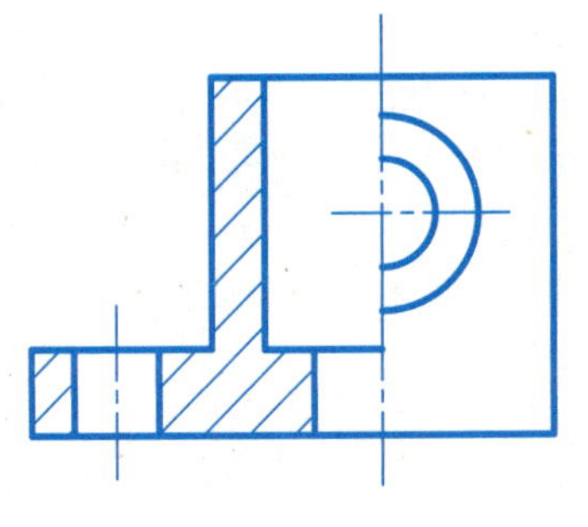

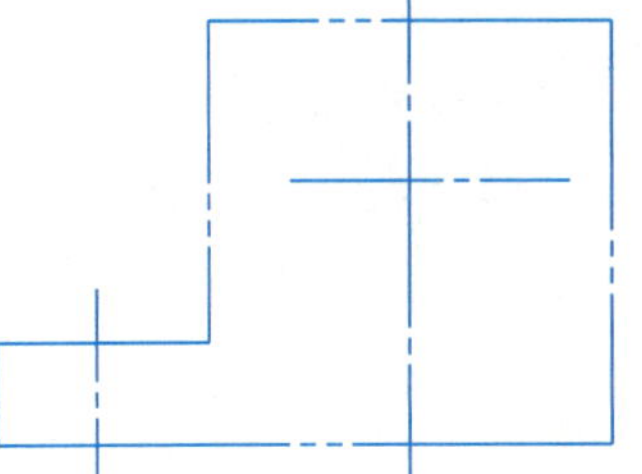

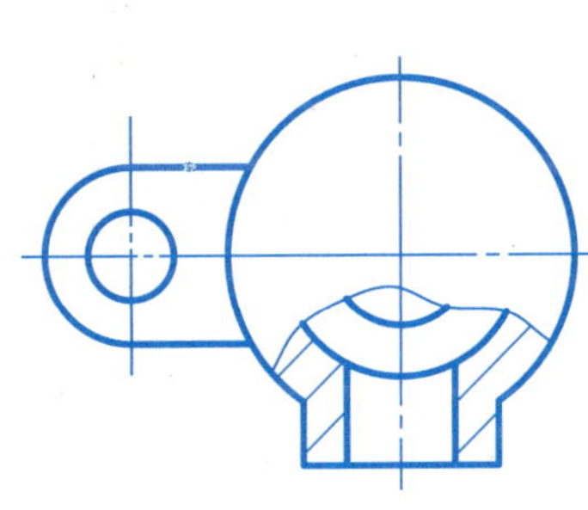

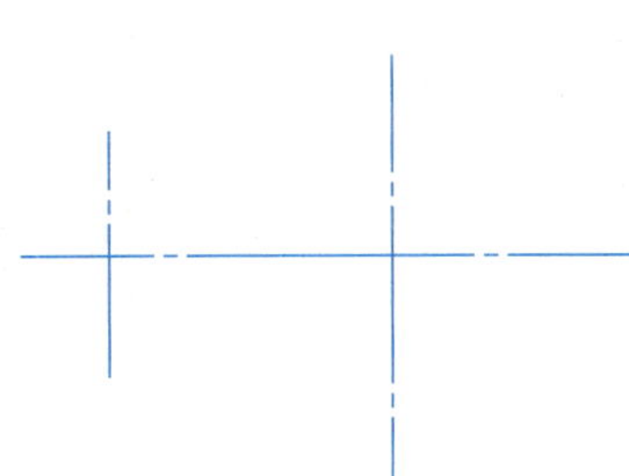

7.5-3　在指定位置将主视图和俯视图改画成局部剖视图。

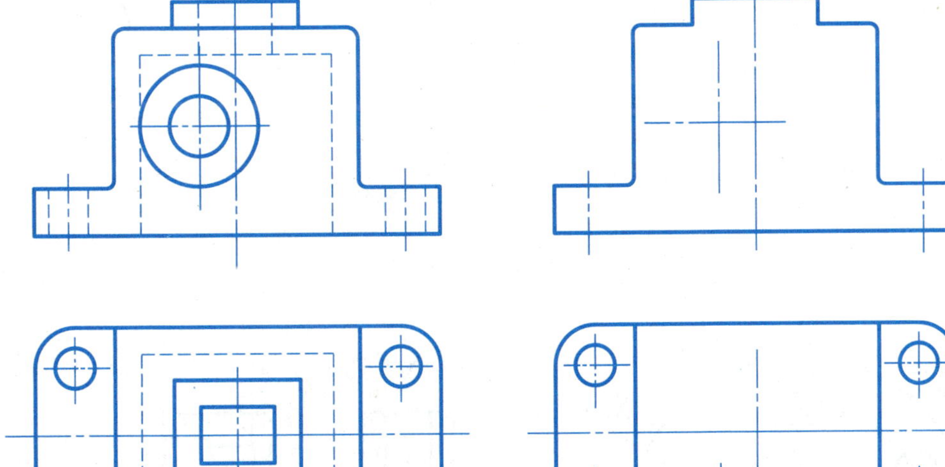

7.5-4　在指定位置将主视图和俯视图改画为适当的局部剖视图。

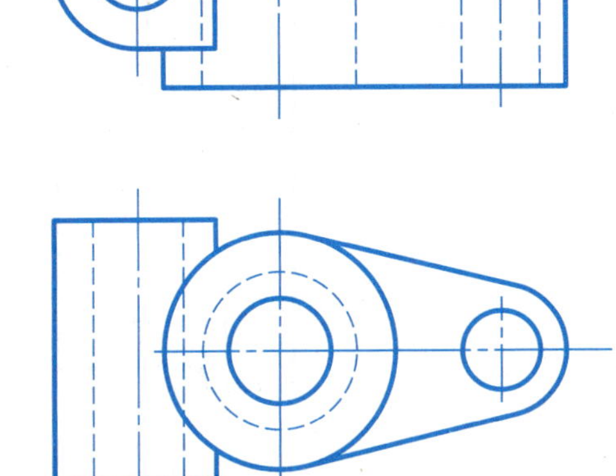

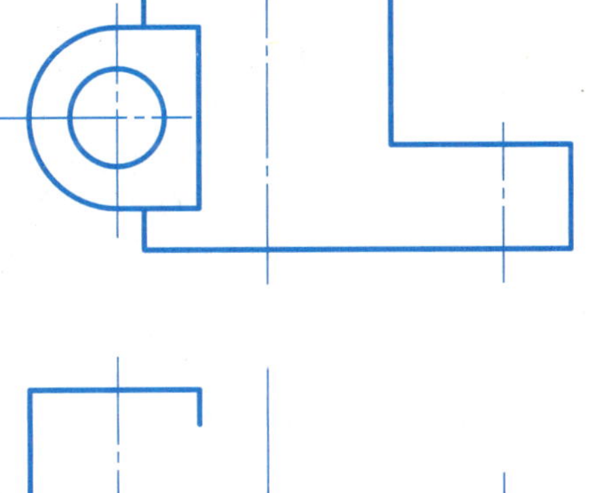

7.6 用单一斜剖切面、柱面剖切机件

班级　　　　姓名　　　　学号

7.6-1 画出 A—A 及 B—B 全剖视图。

7.6-2 求作 A—A 剖视图。

7.6-3 已知物体的 A—A、B—B 剖视图，用展开画法求作 C—C 剖视图。

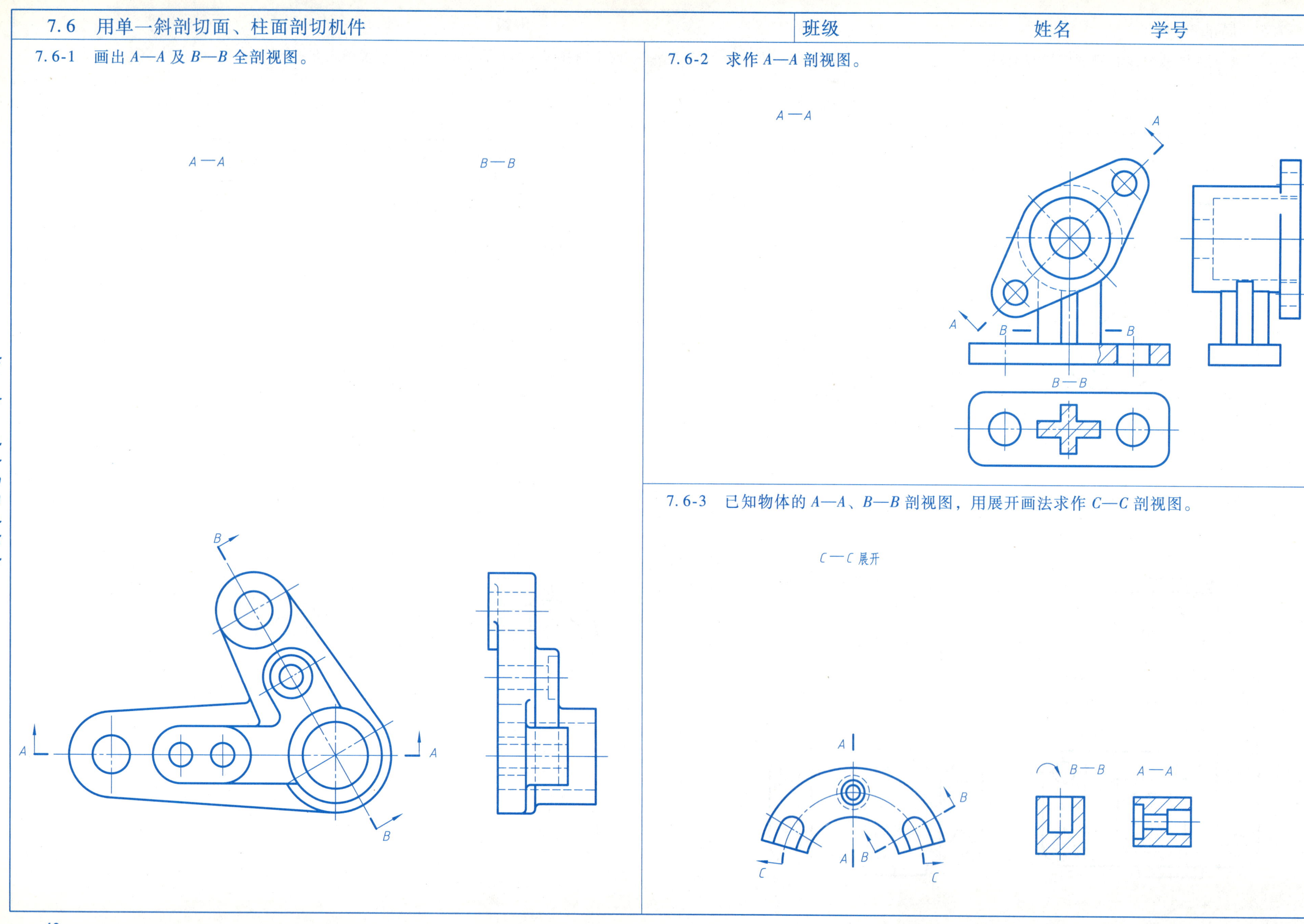

7.7 用几个平行或相交的剖切面剖切机件

班级　　　　姓名　　　　学号

7.7-1　用图示剖切方法将主视图改画为全剖视图，并标注。

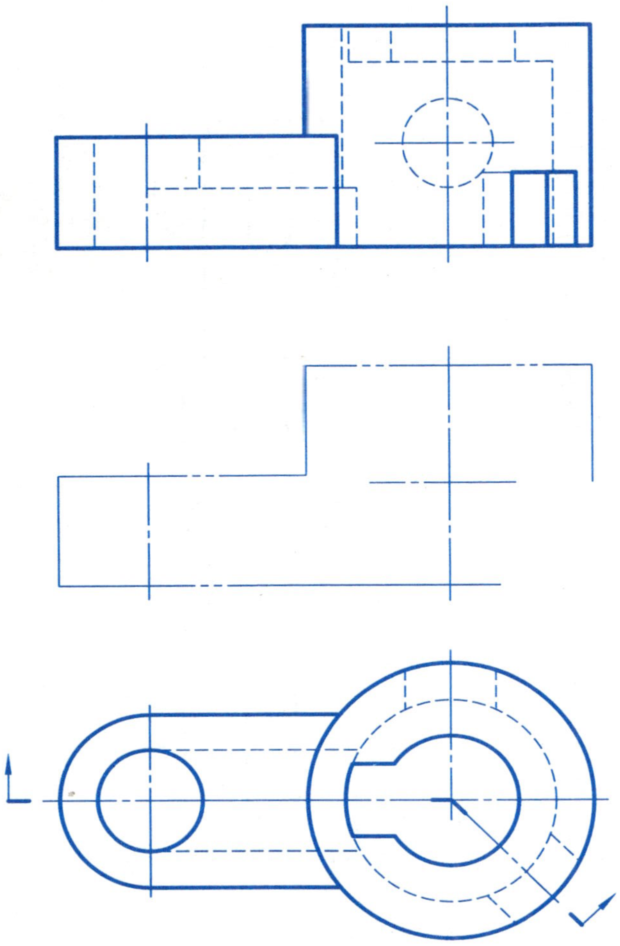

7.7-2　用图示剖切方法将主视图改画为全剖视图，并标注。

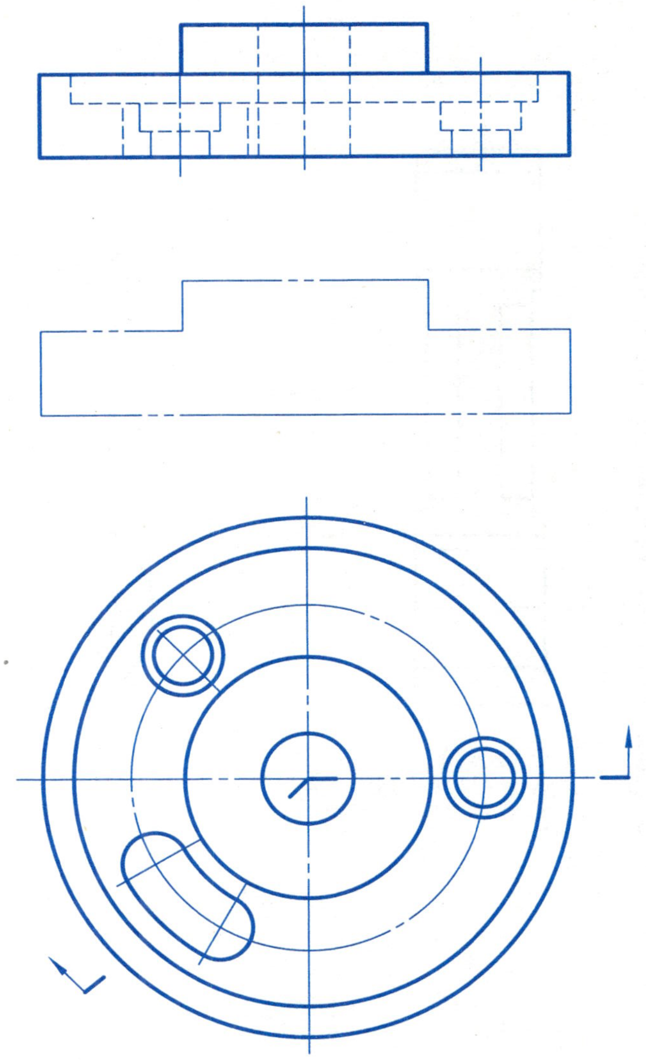

7.7-3　将主视图画成全剖视图。

A—A

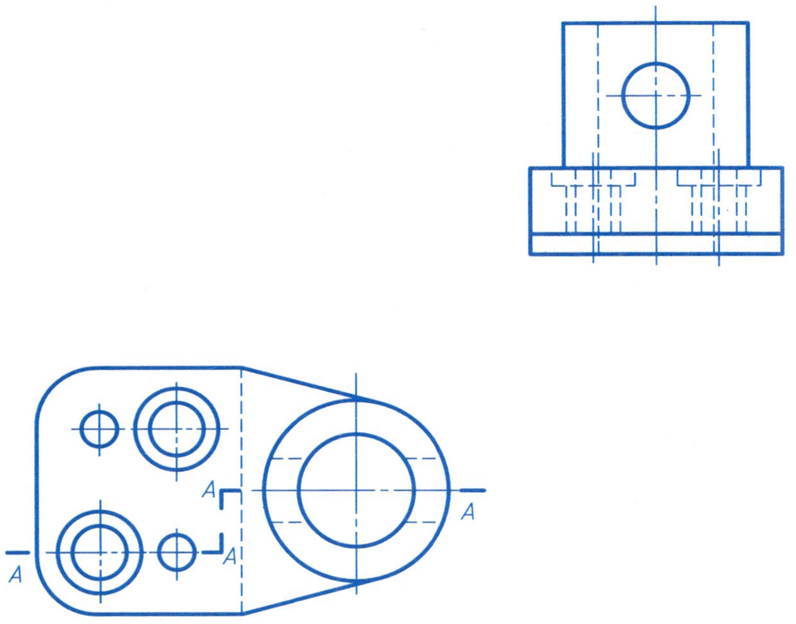

7.7-4　求作 *A—A* 及 *B—B* 全剖视图。

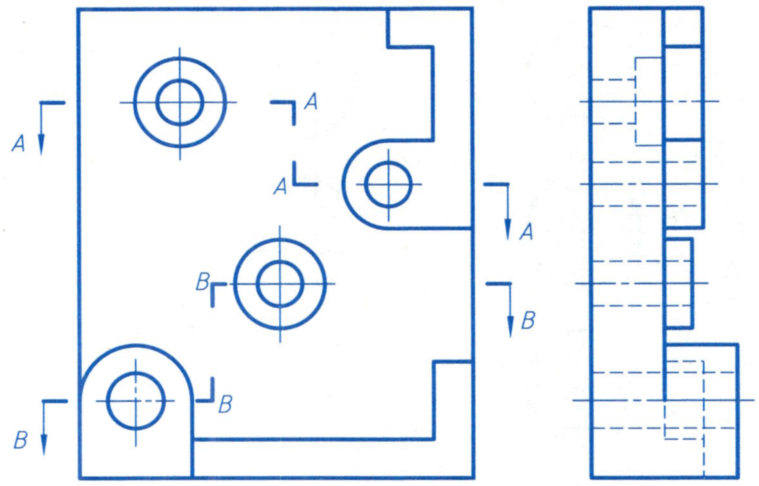

A—A

B—B

7.8 断面图、局部放大图

班级　　　　姓名　　　　学号

7.8-1　从下列各组断面图中选出正确的图形，并在括号里画“√”。

(1)　A—A　A—A　A—A　A—A

(　)　(　)　(　)　(　)

(2)　B—B　B—B　B—B　B—B

(　)　(　)　(　)　(　)

(3)　C—C　C—C　C—C　C—C

(　)　(　)　(　)　(　)

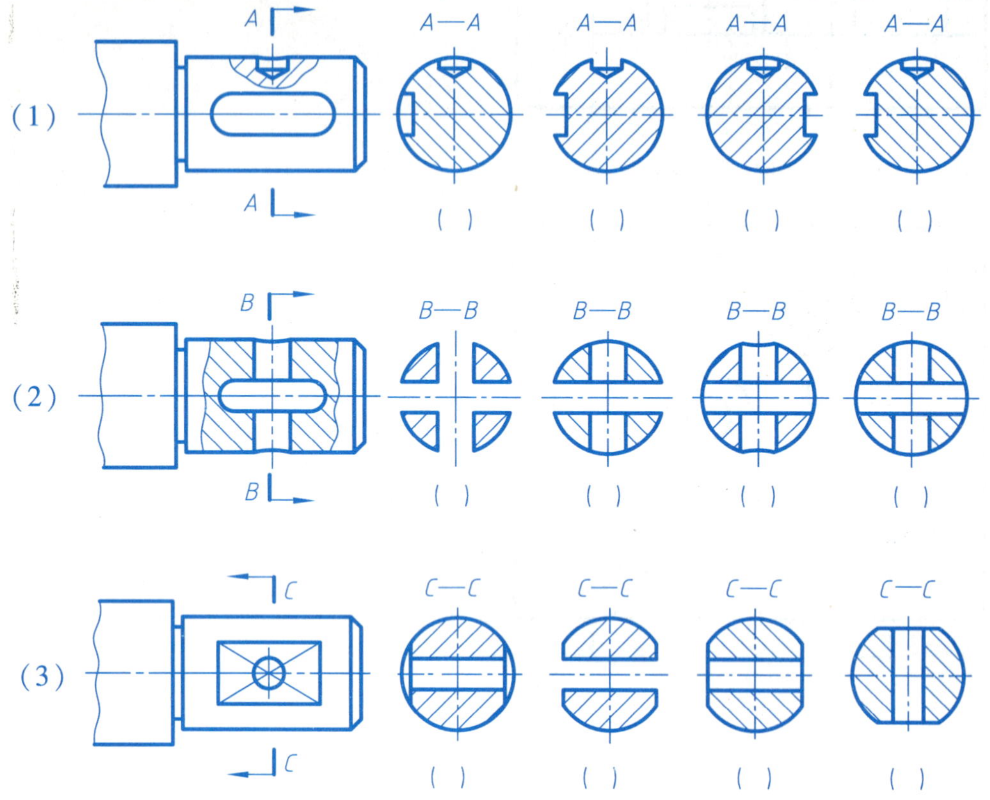

7.8-2　在两个相交剖切平面的延长线上作出移出断面图。

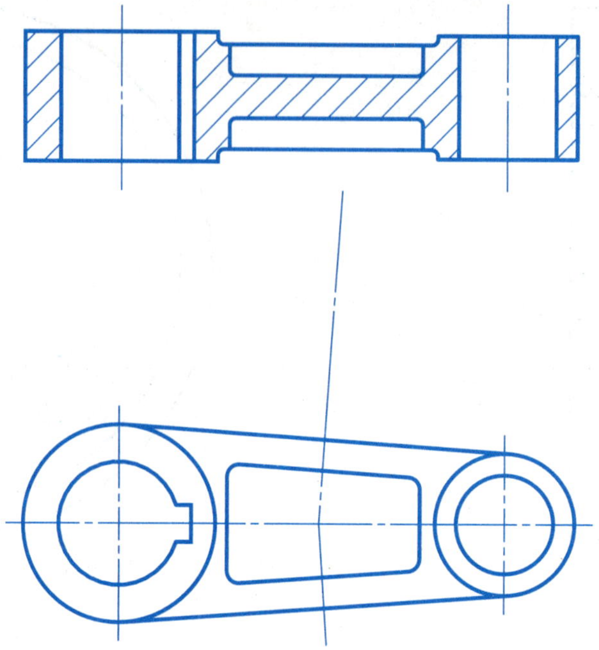

7.8-3　从下列断面图中选出正确的图形，并在括号里画“√”。

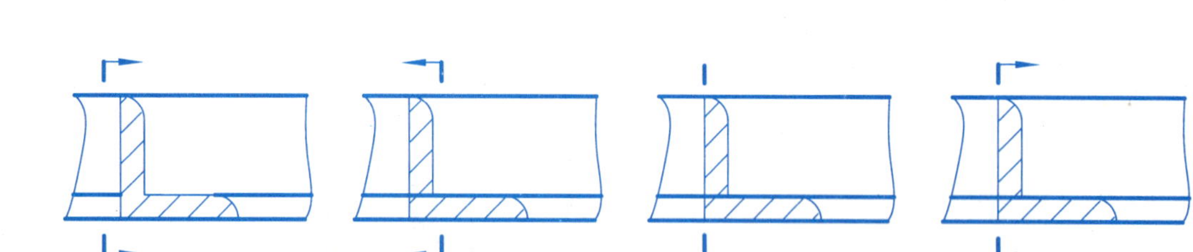

7.8-4　画出相应的断面图（左面键槽深4mm，右面键槽深3mm）。

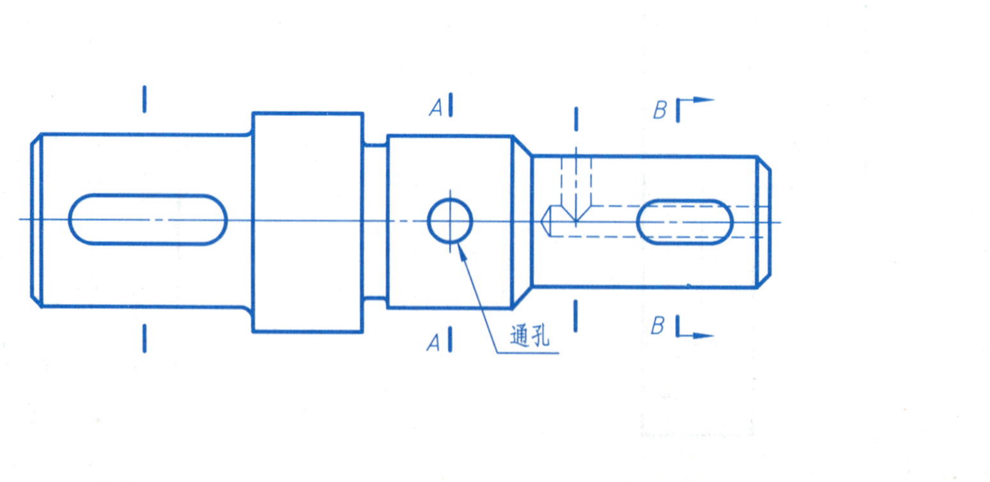

7.9-1 画出 A—A 全剖视的左视图，并画出 B—B 断面图。

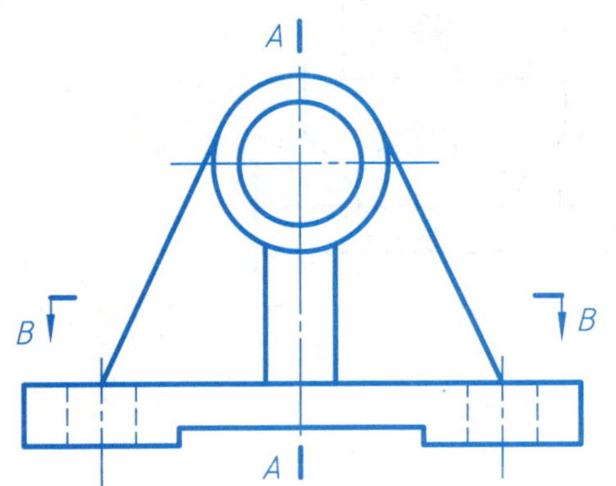

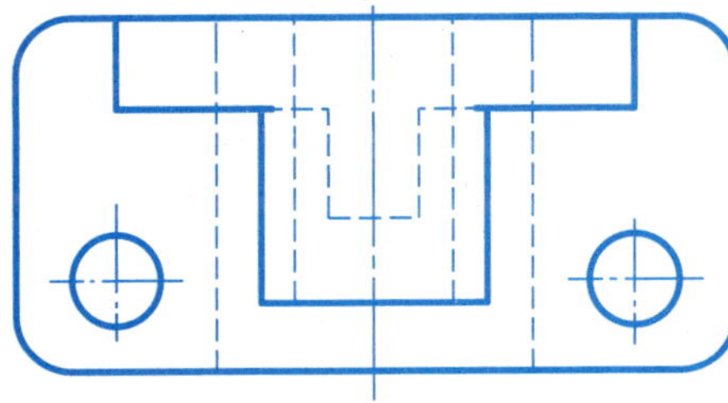

B—B

7.9-2 改正剖视图中画法的错误，在指定位置画出其正确的剖视图。

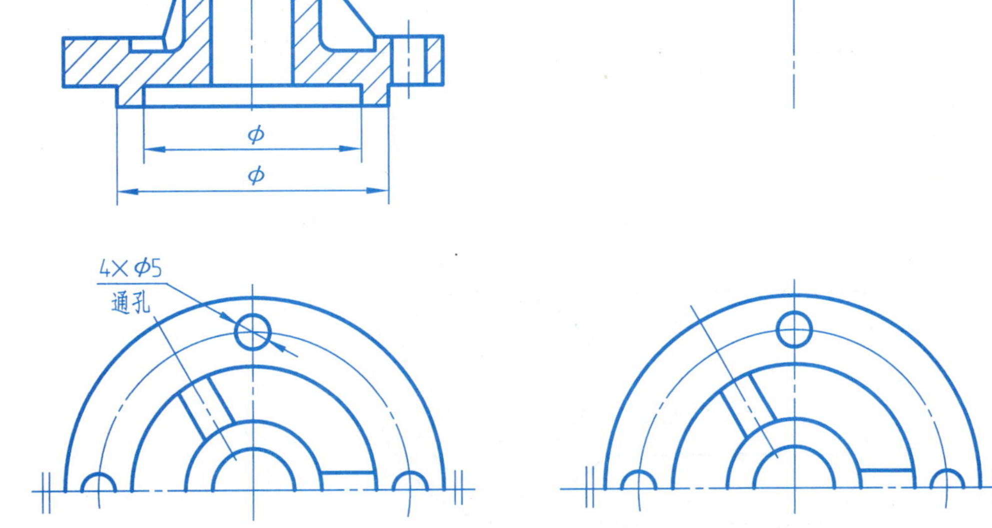

7.10 机件的图样画法综合运用

根据所给视图，看懂物体的结构，选择适当的表达方法在空白处将物体的内、外结构表达清楚。

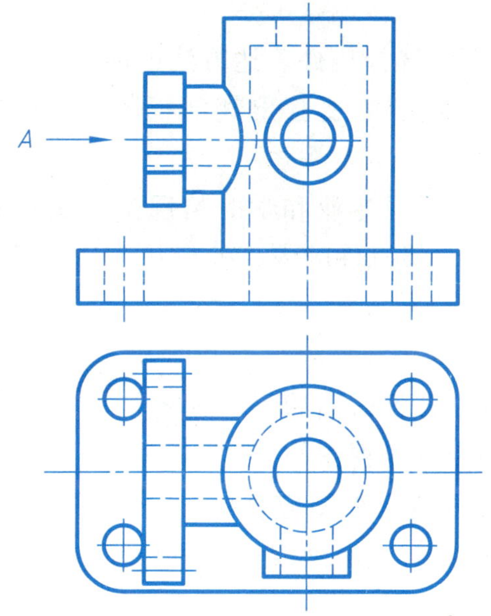

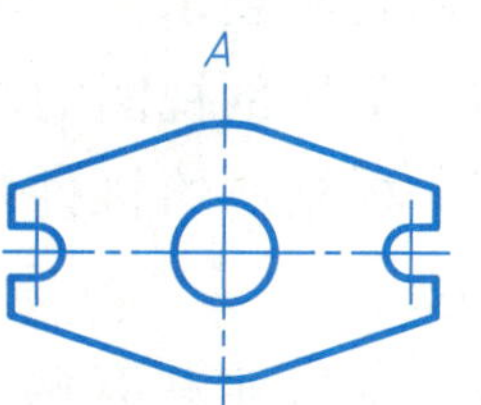

第4次制图作业指导——剖视图

班级　　　　　　　　姓名　　　　　　学号

1. 图名、图幅、比例。

1）图名：剖视图。

2）图幅：A3。

3）比例：1:1。

2. 目的、内容和要求

（1）目的　掌握剖视图的画法，训练选择机件表达方法的能力。

（2）内容　根据所给机件的视图，按照需要画出其剖视图、断面图和其他视图，并标注尺寸。

（3）要求　本作业共有两个习题，可视专业和学时情况选择其中一个或两个习题。对机件选择恰当的表达方案，并将机件的内、外形状表达清楚。标注尺寸要正确、完整、清晰。

3. 步骤及注意事项

1）对所给的组合体进行形体分析，选择适当的表达方案。

2）根据给定的图幅和比例，合理布置各视图的位置。

3）逐步绘制各个视图。画图时要注意剖视图应直接画出，不应先画视图再改成剖视图；剖面线不画底稿线，在加深时一次画成；合理配置和调整各部分尺寸，完成底稿。

4）仔细检查各视图，确认无误后再加深。

5）填写标题栏。

（1）

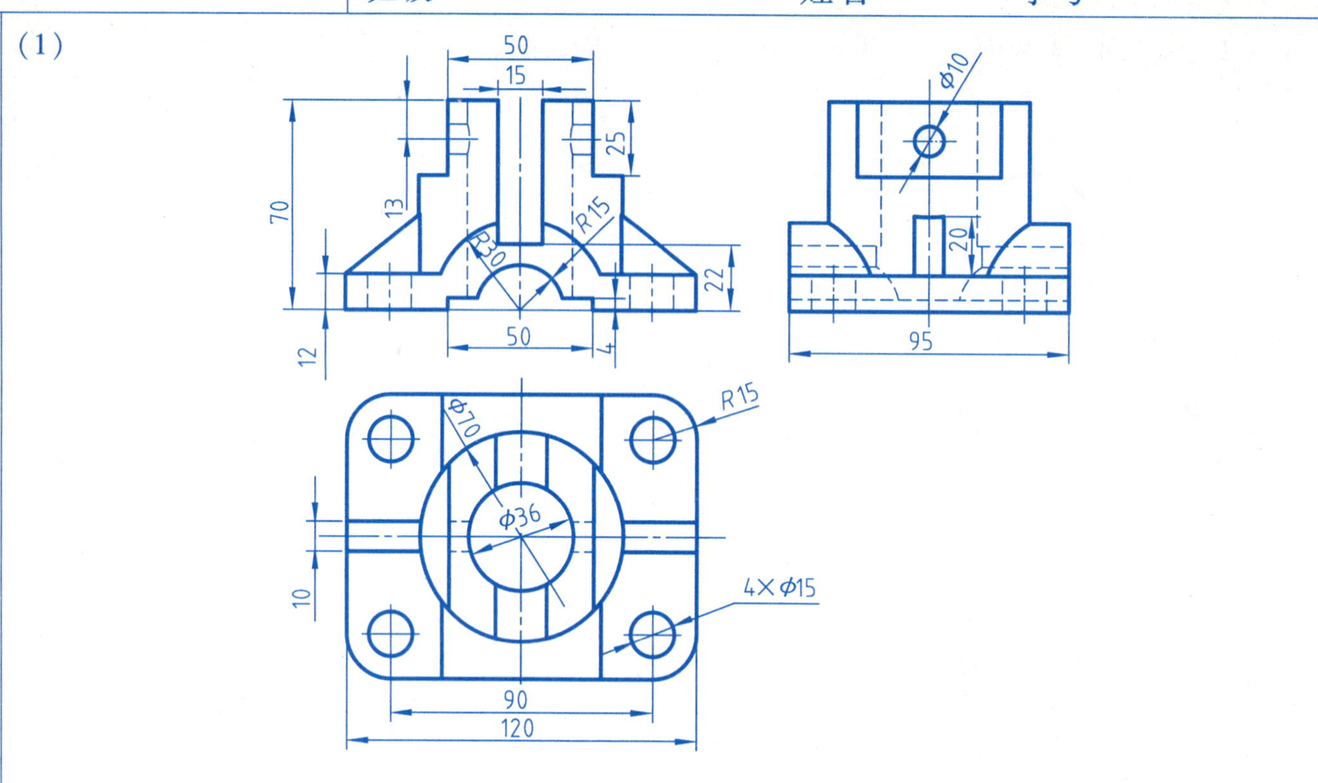

（2）

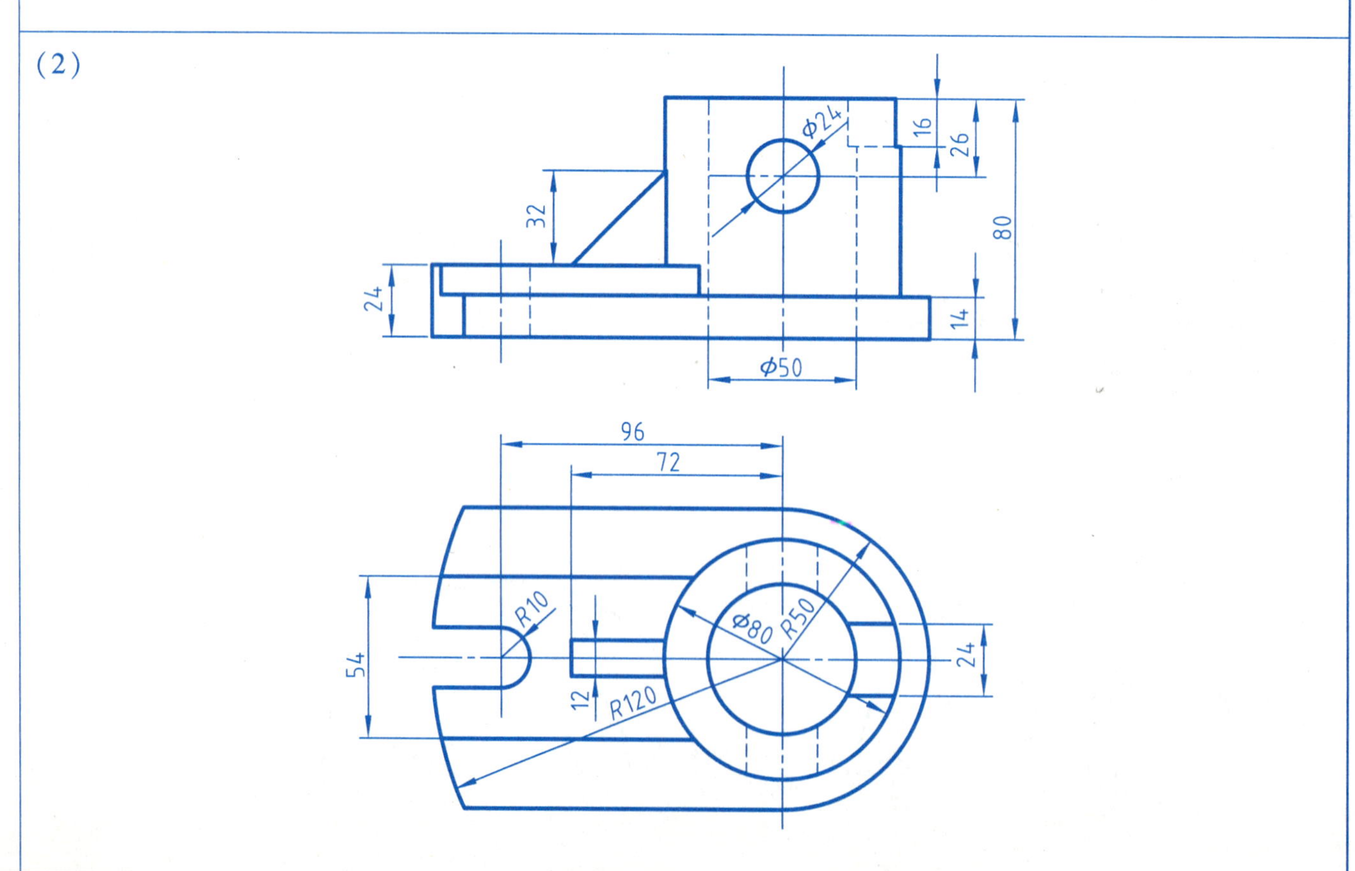

第8章　常用的标准件、齿轮与弹簧

实践指导

本章要学习机械零件中常用的标准件和齿轮、弹簧等。标准件的结构形式、尺寸大小、表面质量、表示方法均已标准化，使用广泛，并有专业厂生产，国家标准规定了相应的画法和标记。齿轮、弹簧等常用零件的部分结构要素也已标准化，在制图中也有规定的表示法。明确这些零件在图样中的表达，是阅读和绘制工程图样的基础。

1. 实践目的

学生通过练习，掌握螺纹紧固件、键、销、滚动轴承等标准件的规定画法和标记。对于齿轮、弹簧等常用零件，要在明确各部分结构尺寸计算和在制图中的规定表示法基础上，熟练掌握它们的图样画法和尺寸标注。

2. 基本要求

1）能够查阅螺纹、螺纹紧固件、键、销、滚动轴承、齿轮、弹簧等有关国家标准。

2）能够按照国家标准的规定画法绘制螺纹紧固件、键联接、销联接和滚动轴承等图样，并进行标记。

3）掌握齿轮轮齿各部分的尺寸计算方法，然后按规定画法绘制齿轮。应注意区分粗实线、细点画线、细实线、细虚线在齿轮图形中的含义。

4）掌握弹簧的图形画法和尺寸注法。

3. 实践的要点和方法

（1）螺纹的规定画法和标注

1）外螺纹的画法。螺纹大径和螺纹终止线用粗实线绘制，螺纹小径用细实线绘制；在投影为圆的视图中，外螺纹的大径用粗实线画圆，小径通常画成 0.85d，用细实线画约 3/4 圆；在剖视图中，螺纹终止线只画出大径和小径之间的部分，剖面线应画到粗实线处；当需要表示螺尾时，螺尾部分牙底用与轴线成 30°的细实线绘制。

2）内螺纹的画法。内螺纹一般用剖视图表示。在剖视图中，内螺纹的大径用细实线绘制，小径和螺纹终止线用粗实线绘制，剖面线必须终止于粗实线。在投影为圆的视图中，小径画粗实线圆，大径画细实线圆，且只画约 3/4 圈。内螺纹未被剖切时，其大径、小径和螺纹终止线均用虚线表示。绘制不穿通的螺孔时，一般应将钻孔深度与螺纹部分的深度分别画出，钻孔顶端应画成 120°。

3）螺纹副的画法。当内、外螺纹联接构成螺纹副时，在剖视图中，其旋合部分应按外螺纹的画法绘制，其余部分仍按各自的画法来表示。应注意：使内螺纹的大径与外螺纹的大径、内螺纹的小径与外螺纹的小径分别对齐；剖面线画至粗实线处。

4）螺纹的标注。普通螺纹标注于公称直径处，其标注格式为：螺纹特征代号-尺寸代号-公差带代号-旋合长度代号-旋向代号。

对管螺纹进行标注时，一律注在引出线上，引出线应从大径线上引出，或由对称中心处引出，由内、外管螺纹构成的螺纹副仅标注外螺纹的标记符号。

梯形螺纹和锯齿形螺纹标注于公称直径处，其标注格式为：螺纹特征代号-尺寸代号-旋向代号-公差带代号-螺纹旋合长度代号。

（2）螺纹紧固件的画法、标记及其联接的画法

1）查阅标准，并参照图例对螺纹紧固件进行标记。

2）螺纹紧固件的画法有两种：查表画法和比例画法。

3）绘制螺纹紧固件装配图时，应注意：两零件接触面画一条线，不接触面画两条线；相邻两零件的剖面线应不同，同一个零件在各个视图中的剖面线方向和间隔应一致。

（3）直齿圆柱齿轮的画法

1）单个直齿圆柱齿轮的画法。表示轴孔有键槽的齿轮可采用两个视图，或者用一个视图和一个局部视图。齿顶圆和齿顶线用粗实线绘制；分度圆和分度线用细点画线绘制；齿根圆和齿根线用细实线绘制，也可省略不画；在剖视图中，齿根线用粗实线绘制。

2）直齿圆柱齿轮啮合图的画法。在圆柱齿轮啮合的剖视图中，当剖切平面通过两啮合齿轮的轴线时，在啮合区内，将一个齿轮的齿顶线用粗实线绘制，另一个齿轮的齿顶线被遮挡的部分用虚线绘制，节线用一条点画线绘制，其他同单个齿轮画法。

3）在垂直于圆柱齿轮轴线的投影面的视图中，啮合区内的齿顶圆均用粗实线绘制。

（4）键、销及其联接画法。

1）键联接的画法。普通平键和半圆键的两个侧面与键槽侧面之间应不留间隙，画一条线，键顶面与轮毂的键槽顶面之间留有间隙，应画出两条线。钩头楔键的顶面与键槽之间画一条线，两个侧面是配合面，应画一条线。

2）销联接的画法。当剖切平面通过销的轴线时，销按不剖绘制，轴取局部剖视图来表达。用销联接的两个零件上的销孔在图样中标注尺寸时一般要注写“配作”。

（5）滚动轴承的画法　滚动轴承是标准件，在装配图中，要根据国家标准规定的画法或简化画法表示。

（6）弹簧的规定画法

1）螺旋弹簧在平行于轴线的投影面上所得的图形，可画成视图，也可画成剖视图，其各圈的螺旋线应画成直线。

2）螺旋弹簧均可画成右旋，对左旋的螺旋弹簧，不论画成左旋或右旋，一律要在“技术要求”中注明。

3）有效圈数在4圈以上时，可只画出两端的1或2圈，中间各圈可省略不画。省略中间各圈后，允许缩短图形长度，并将两端用细点画线连起来。

4）不论弹簧支承圈数是多少，均按支承圈为2.5圈绘制。

5）在装配图中，被弹簧遮挡的结构一般不画出，可见部分从弹簧的外轮廓线或从弹簧钢丝断面的中心线画起。当弹簧被剖切时，剖面直径或厚度在图形上小于或等于2mm，可用涂黑表示，也允许用示意画法。

4. 实践举例

例8-1：指出图8-1中的错误，并画出正确的图形。

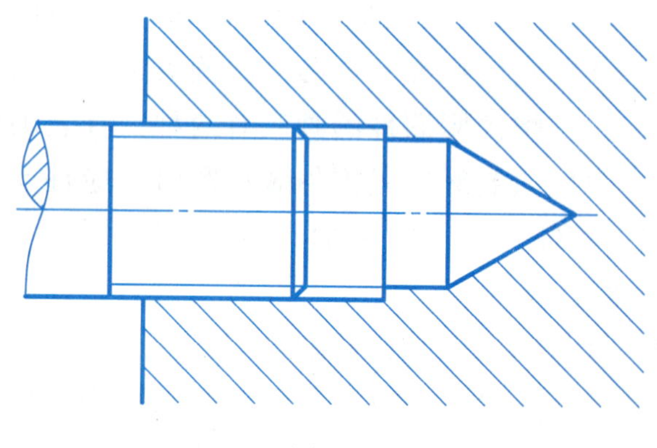

图8-1

解：按照GB/T 4459.1—1995《机械制图 螺纹及螺纹紧固件表示法》的规定，当内、外螺纹联接构成螺纹副时，在剖视图中其旋合部分应按外螺纹的画法绘制，其余部分仍按各自的画法来表示。画图时应使内螺纹的大径与外螺纹的大径、内螺纹的小径与外螺纹的小径分别对齐，剖面线画至粗实线处。据此可以判断，该图中有三处错误：

1）内螺纹的绘制错误，大径应为细实线，小径应为粗实线。

2）没有旋合部分，内螺纹处剖面线绘制错误，应该画至小径处。

3）钻孔顶端绘制错误，应画成120°。

正确图形如图8-2所示。

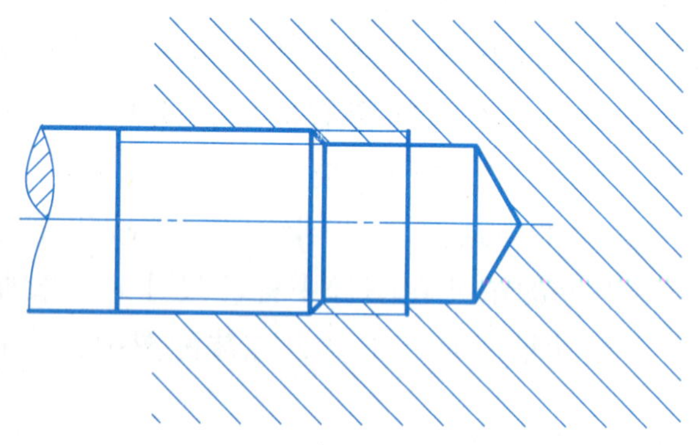

图8-2

例8-2：已知一对相互啮合的直齿圆柱齿轮，模数$m=2\text{mm}$，大齿轮齿数$z_1=36$，小齿轮齿数$z_2=18$，试计算齿轮的尺寸，并绘制啮合图，其余尺寸自行设定。

解：1）计算直齿圆柱齿轮的尺寸

$d_1=mz_1=2\times36\text{mm}=72\text{mm}$　$d_2=mz_2=2\times18\text{mm}=36\text{mm}$

$d_{a1}=m(z_1+2)=2\times(36+2)\text{mm}=76\text{mm}$　$d_{a2}=m(z_2+2)=2\times(18+2)\text{mm}=40\text{mm}$

$d_{f1}=m(z_1-2.5)=2\times(36-2.5)\text{mm}=67\text{mm}$　$d_{f2}=m(z_2-2.5)=2\times(18-2.5)\text{mm}=31\text{mm}$

$a=\frac{m}{2}(z_1+z_2)=\frac{2}{2}(36+18)\text{mm}=54\text{mm}$

2）根据规定画法绘制齿轮的啮合图。主视图采用过轴线的剖视图表示。在啮合区内，小齿轮的齿顶线用粗实线绘制，大齿轮的轮齿被遮挡的部分用细虚线绘制，节线用一条细点画线绘制。在另一侧，两个齿轮的齿顶线都用粗实线绘制，分度线用细点画线绘制，齿根线用粗实线绘制。左视图采用基本视图表示。两个齿轮的齿顶圆都用粗实线绘制；分度圆都用细点画线绘制；齿根圆都用细实线绘制，也可省略不画；在啮合区内，齿顶圆可以省去。结果如图8-3所示。

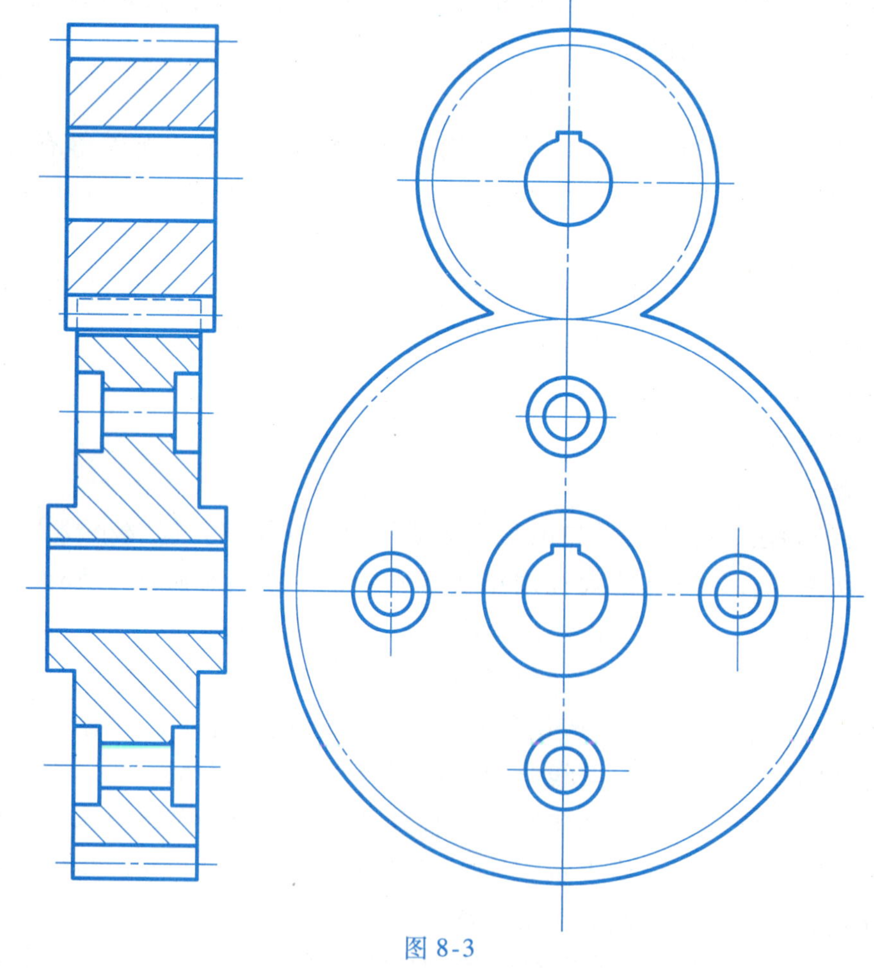

图8-3

实践内容

8.1　螺纹的规定画法及其标注

班级　　　　姓名　　　　学号

8.1-1　根据给定条件，绘制螺纹并标注。

（1）粗牙普通外螺纹，大径 30mm，螺距 3.5mm，左旋，中径公差带代号为 5g，顶径公差带代号为 6g，为短旋合长度。

（2）55°密封圆锥内螺纹，尺寸代号为 3/4，左旋。

（3）梯形外螺纹，公称直径为 32mm，螺距 5mm，双线，右旋，中径公差带代号为 7e，中等旋合长度。

8.1-2　根据螺纹标记填空。

（1）

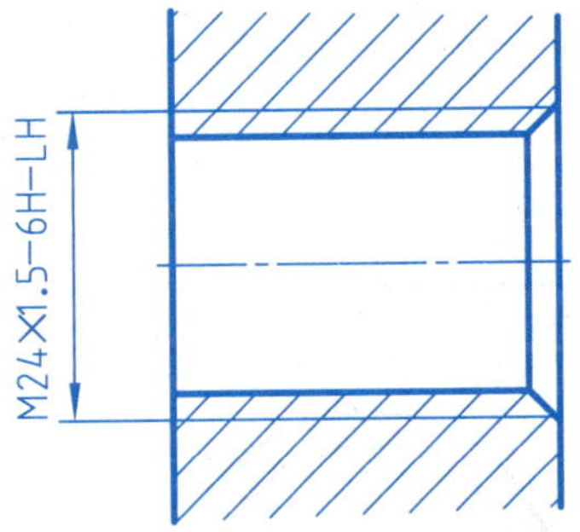

M24×1.5-6H-LH

该螺纹为＿＿＿＿＿＿螺纹；
公称直径为＿＿＿＿＿＿mm；
螺距为＿＿＿＿＿＿mm；
线数为＿＿＿＿＿＿；
旋向为＿＿＿＿＿＿；
6H 为＿＿＿＿＿＿。

（2）

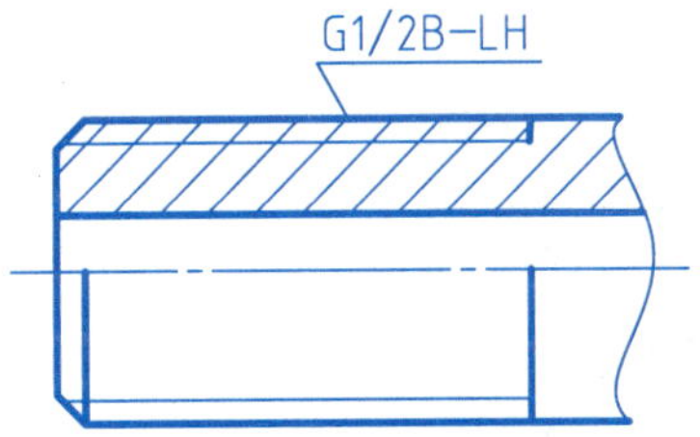

G1/2B-LH

该螺纹为＿＿＿＿＿＿螺纹；
1/2 是指＿＿＿＿＿＿；
螺距为＿＿＿＿＿＿mm；
旋向为＿＿＿＿＿＿；
B 是指＿＿＿＿＿＿。

（3）

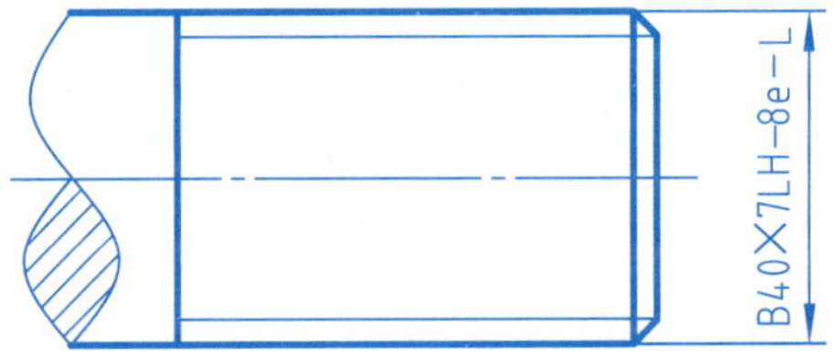

B40×7LH-8e-L

该螺纹为＿＿＿＿＿＿螺纹；
公称直径为＿＿＿＿＿＿mm；
螺距为＿＿＿＿＿＿mm；
线数为＿＿＿＿＿＿；
旋向为＿＿＿＿＿＿；
8e 为＿＿＿＿＿＿；
L 代表＿＿＿＿＿＿。

8.2-1 查表标注尺寸，并按照标准规定进行标记。

（1）A 型双头螺柱：螺纹规格 M12，$b_m = 1.25d$，公称长度 32mm。

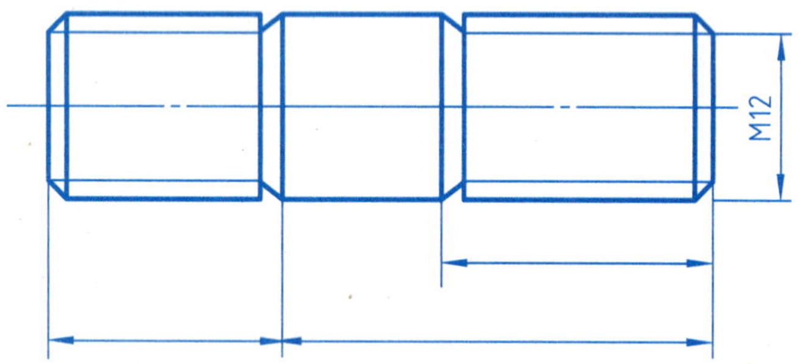

M12

规定标记：________________

（2）开槽长圆柱端紧定螺钉。

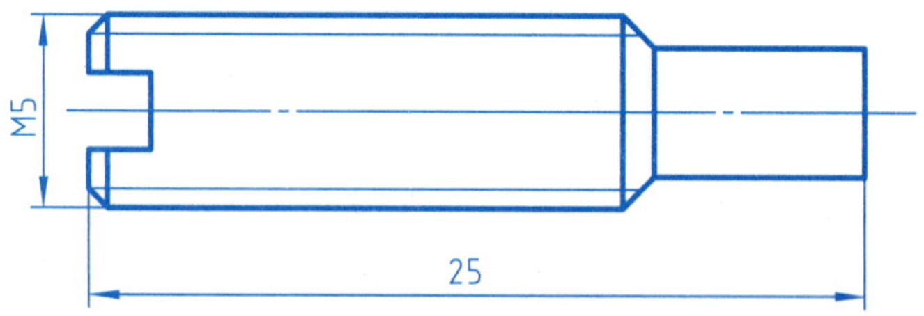

M5

25

规定标记：________________

8.2-2 分析下图存在的错误，并将正确的图形画在右边。

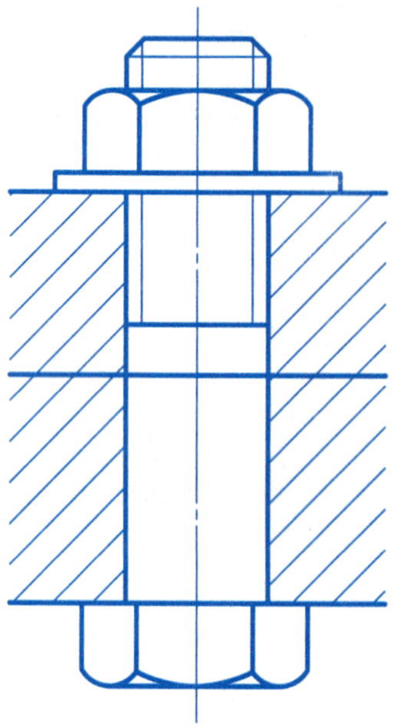

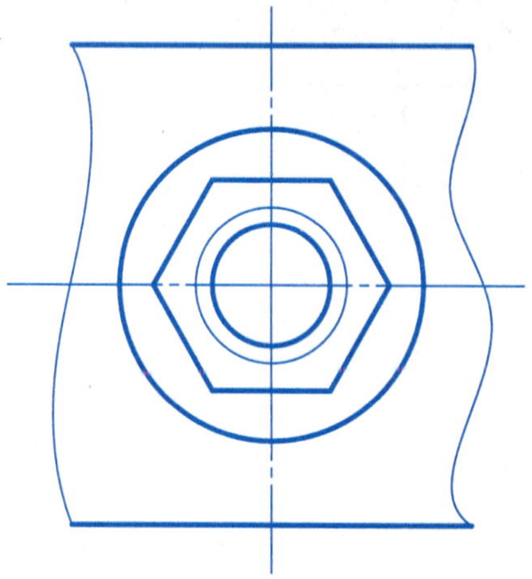

8.2-3 分析螺钉联接视图中的错误。

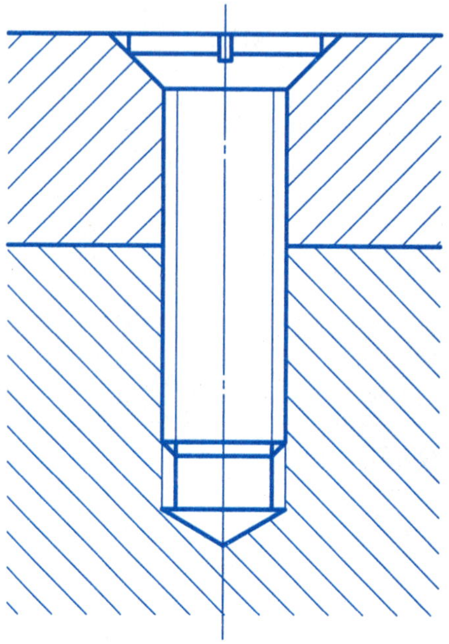

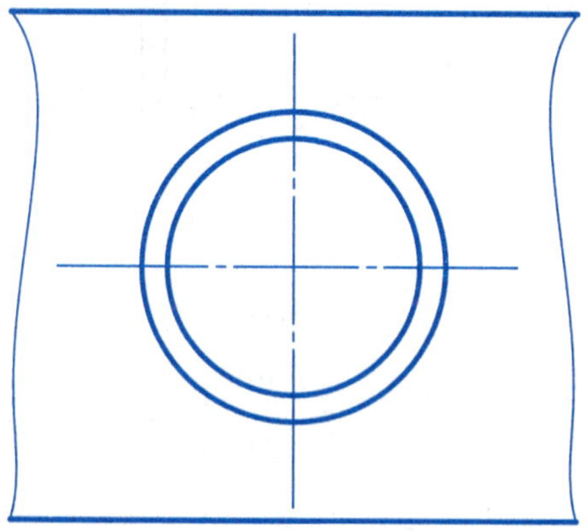

8.3 直齿圆柱齿轮

8.3-1 已知直齿圆柱齿轮 $m=3$mm，$z=40$，结构尺寸如图所示，试计算齿轮分度圆、齿顶圆和齿根圆的直径，将计算公式写在下面空白处，并按 1:1.5 的比例完成下列两视图（轮齿倒角 $C1.5$）。

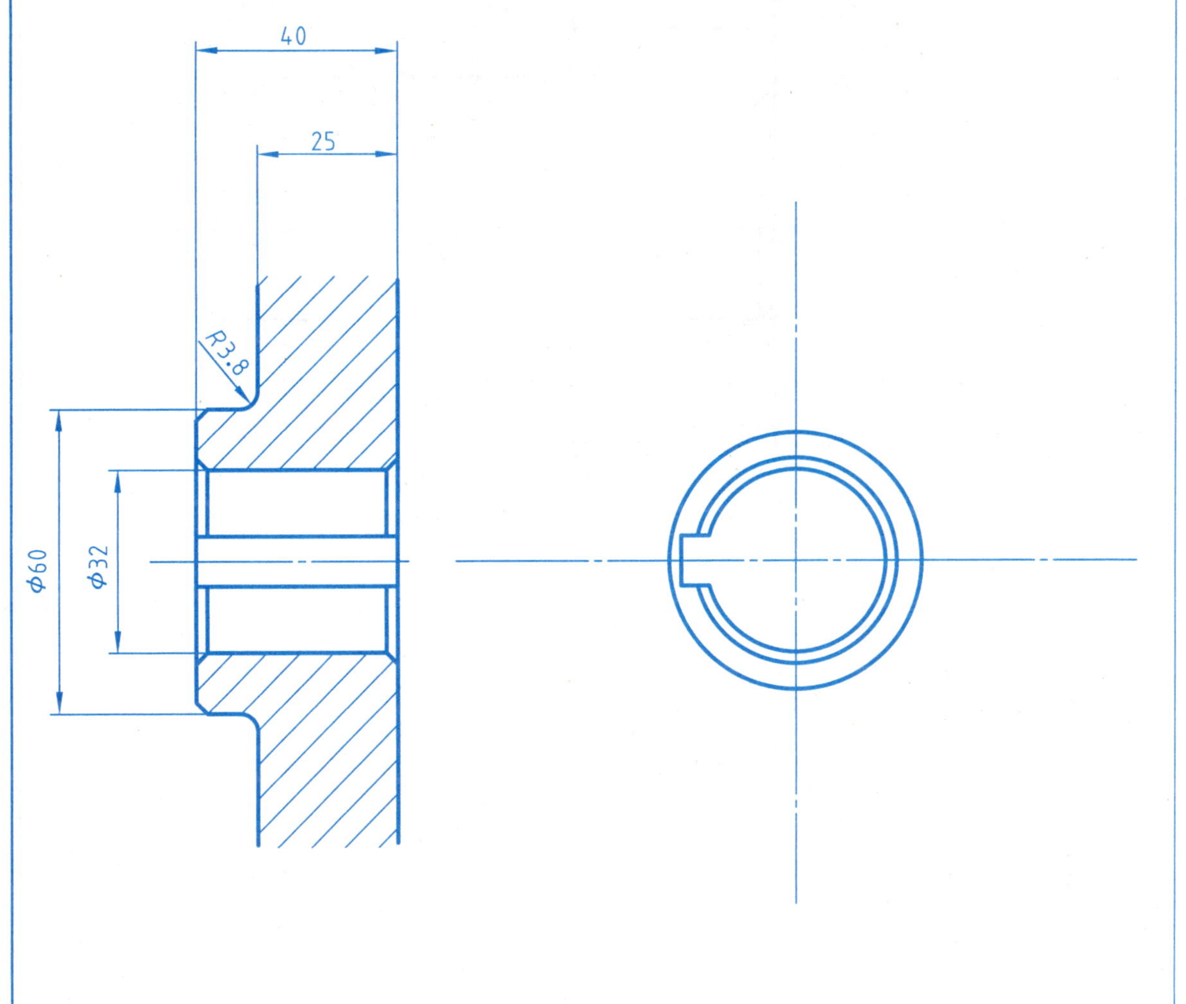

8.3-2 已知大齿轮的模数 $m=4$mm，齿数 $z=40$，两齿轮的中心距 $a=120$mm，试计算大、小齿轮分度圆、齿顶圆和齿根圆的直径及传动比，并用 1:2 的比例完成下列直齿圆柱齿轮的啮合图（轮齿倒角 $C2$）。

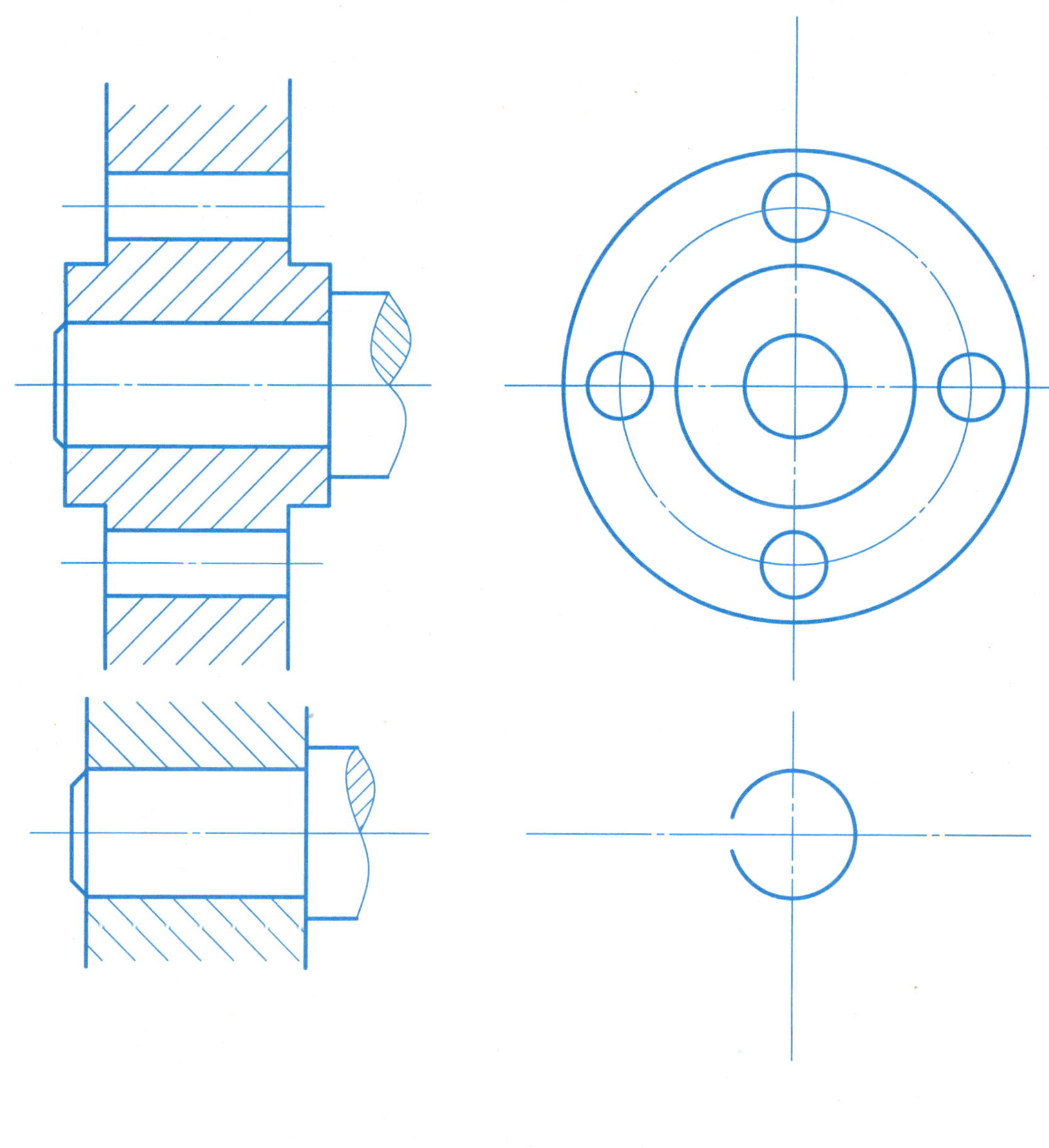

8.4 键、销及其联接	班级 姓名 学号

8.4-1 已知齿轮和轴用 A 型普通平键联接，轴孔直径为 ϕ27mm，键的长度为 30mm。要求：①查表确定键和键槽的尺寸，并按 1:1 的比例画全下列各视图和断面图；②标注下图中键槽的尺寸；③写出键的规定标记。

（1）轴

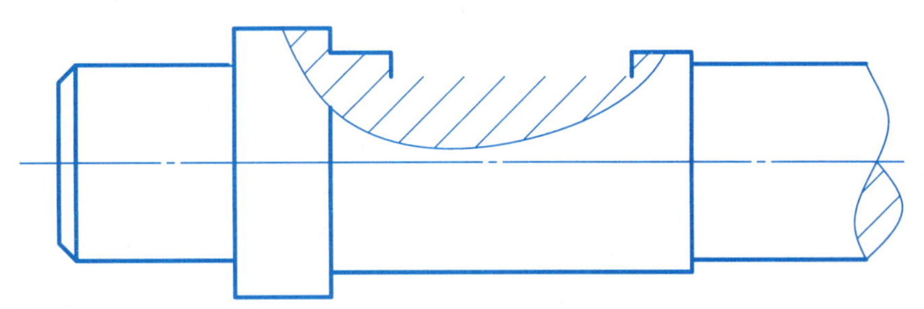

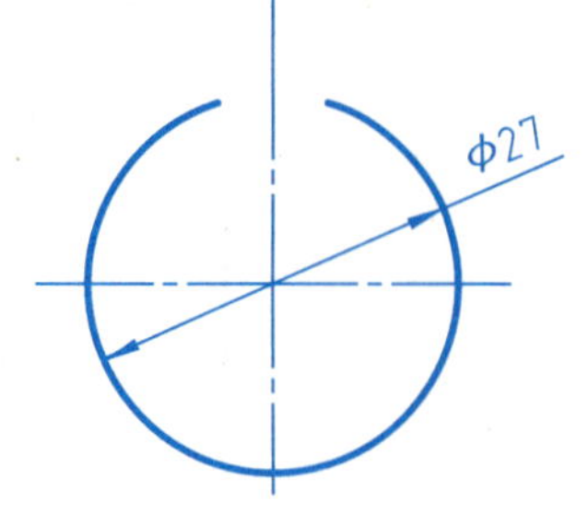

（2）齿轮

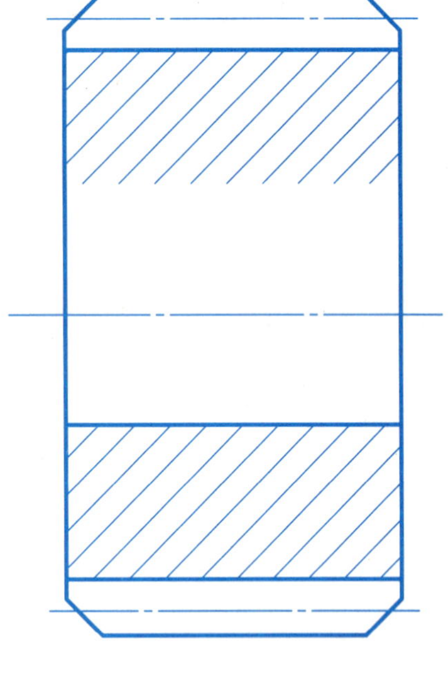

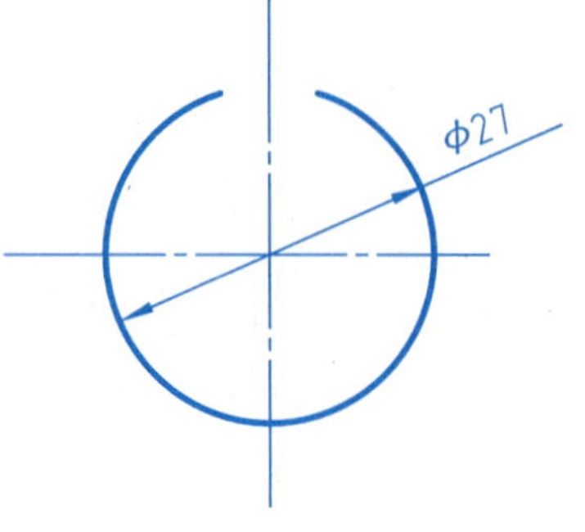

规定标记：________________

8.4-2 轴和齿轮用直径为 ϕ8mm、不经淬火的圆柱销联接，写出圆柱销的规定标记，并按 1:1 的比例画全销联接的剖视图。

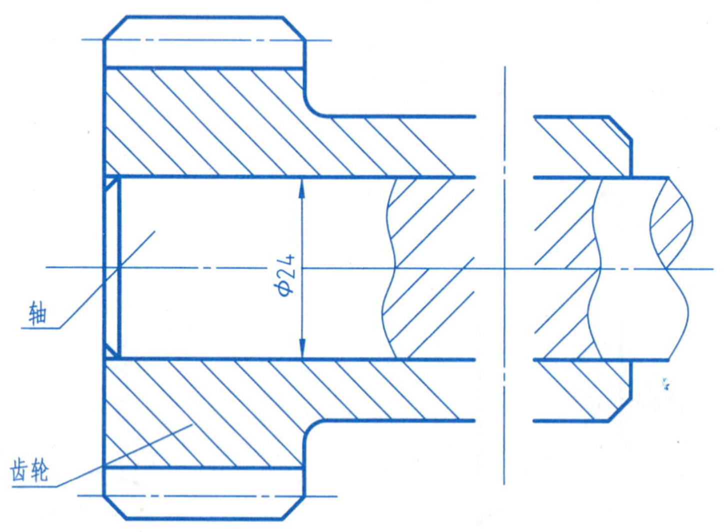

规定标记：________________

8.5 滚动轴承和弹簧

班级　　姓名　　学号

8.5-1　已知阶梯轴两端支承轴肩处的直径分别为 ϕ25mm 和 ϕ15mm。其中，ϕ25mm 轴颈处装有滚动轴承 6205，ϕ15mm 轴颈处装有滚动轴承 6202。按照要求，用 1:1 的比例画出支承处的滚动轴承。

（1）按规定画法绘制。

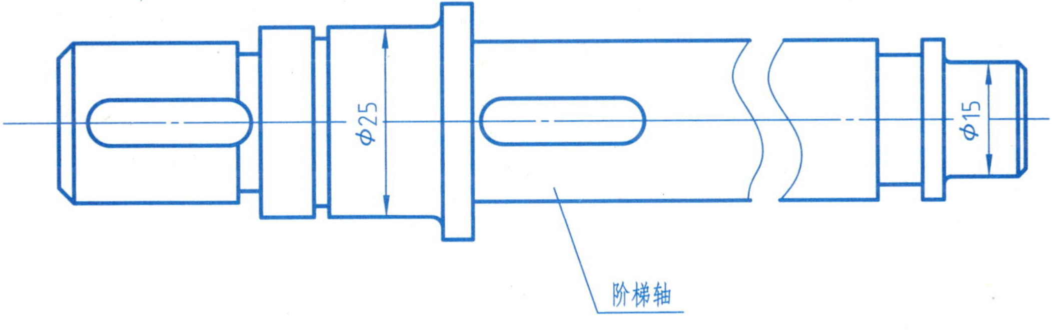

（2）按简化画法绘制。

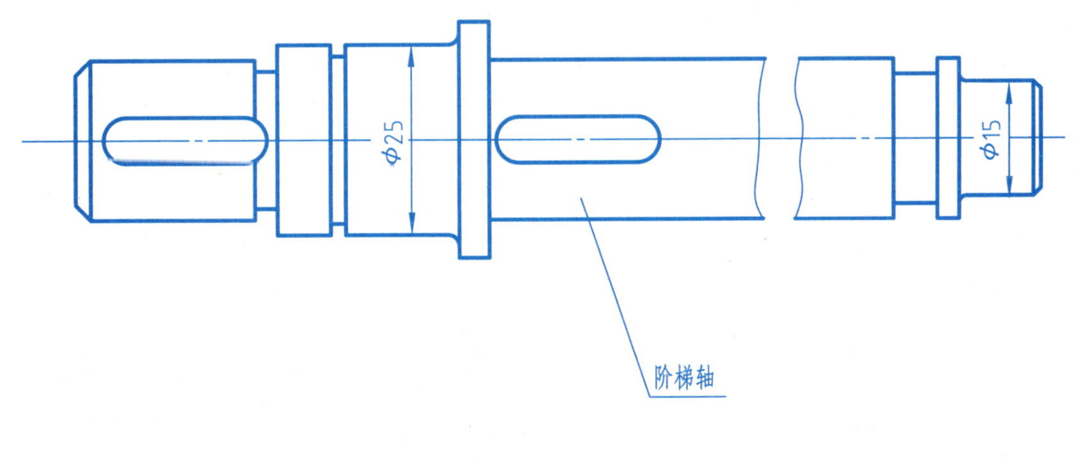

8.5-2　已知：普通圆柱螺旋压缩弹簧的材料为碳素弹簧钢，材料直径为 ϕ5mm，弹簧外径 D_2 为 ϕ55mm，节距 t 为 10mm，有效圈数 n 为 7，支承圈数 n_2 为 2.5，精度为 3 级，左旋。要求用 1:1 的比例画出弹簧的全剖视图和视图。

第 5 次制图作业指导——螺纹紧固件联接　　班级　　姓名　　学号

1. 图名、图幅、比例

1）图名：螺纹紧固件联接。

2）图幅：A3。

3）比例：1:1。

2. 目的、内容和要求

（1）目的　掌握螺纹紧固件联接的近似画法和标注方法。

（2）内容　绘制螺纹紧固件联接的三视图，并标注主要尺寸。

（3）要求　正确地表达螺纹紧固件联接。标注尺寸要完整、清晰、合理。

3. 步骤及注意事项

1）对所绘螺纹紧固件联接进行分析，合理布置三个视图的位置，画出各视图中心线的位置。

2）逐个画出螺纹紧固件联接的三视图。

3）按照标准标注主要尺寸，保证尺寸标注正确、完整、清晰。

4）完成底稿，经仔细校核再加深。

（1）已知双头螺柱 M16（GB/T 899—1988），螺母 M16（GB/T 41—2000），平垫圈 16（GB/T 97.1—2002），被联接件厚度$\delta_1=25$mm，$\delta_2=55$mm，试画出螺柱联接的三视图。（采用比例画法，左视图绘制外形，不进行剖切）

（2）已知螺栓 M12（GB/T 5782—2000），螺母 M12（GB/T 6170—2000），平垫圈 12（GB/T 97.1—2002），被联接件上板厚为 20mm，下板厚为 25mm，试画出螺栓联接的主、俯视图。（采用比例画法，主视图采用全剖视图）

第9章　零　件　图

实践指导

1. 实践目的

了解零件图的作用和内容；理解零件的视图选择、尺寸标注及技术要求、极限与配合的基本概念及其注法；掌握几何公差的基本概念及其注法、表面结构代号及其标注；掌握零件图的读法与画法，以及零件的测绘方法。

2. 基本要求

1）了解零件图上的内容。

2）掌握零件图的画法。

3）掌握零件图的尺寸标注。

4）理解零件表面结构的概念，会标注表面粗糙度，能够理解几何公差标注的含义。

5）掌握阅读零件图的方法。

3. 实践的要点和方法

（1）零件图的绘制　重点是视图选择，应以主视图为基础，再配置其他视图。贯彻视图的选择要"少而精"的原则，以较少的视图，清楚、完整并正确地表达零件的结构形状。

（2）极限与配合

1）极限尺寸分为上极限尺寸和下极限尺寸。

2）配合分为间隙配合、过渡配合和过盈配合。

3）配合制分为基轴制和基孔制，优先选用基孔制。

（3）几何公差的标注　理解几何公差的代号及标注方法。

（4）零件图的识读

1）从标题栏入手，概括了解零件。

2）分析视图，理解设计人员的表达意图，结合投影规律，利用形体分析和功能分析法分析零件结构。

3）分析尺寸与技术要求，了解零件功能和加工检验要求。

4）综合想象零件结构。

4. 实践举例

例：绘制图9-1a所示连接套的零件图。

分析：该零件属于轴套类零件，零件的摆放状态为加工状态，即轴线水平放置，直径小的一端朝右，符合加工顺序。主视图采用全剖视图，反映整体结构，左视图反映两槽的分布。

解：根据分析，表达方案（图框省略）如图9-1b所示。

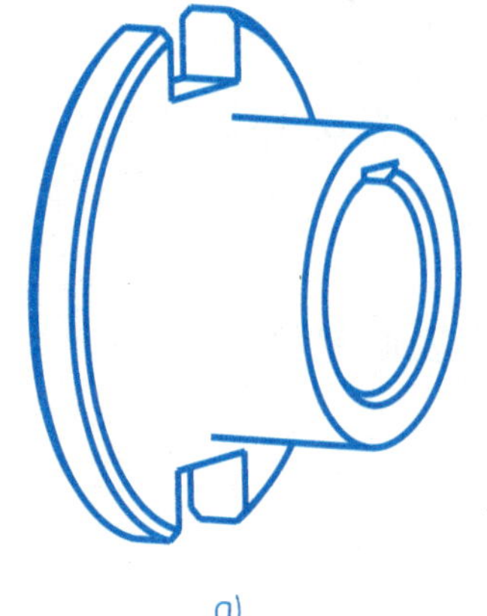

a)

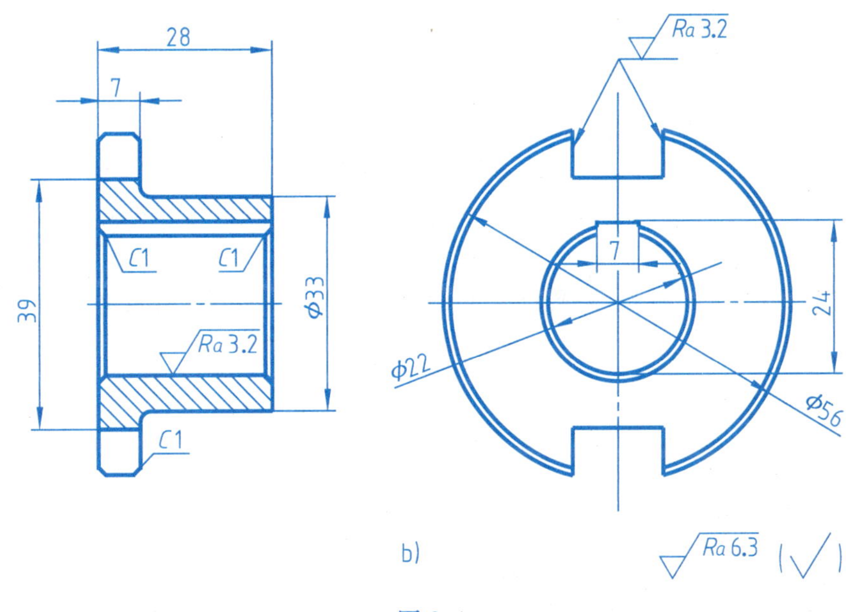

b)

图9-1

实践内容

第9章　零件图

9.1 表面结构

班级　　　　姓名　　　　学号

9.1-1 按要求对给出表面注写表面粗糙度代号。

（1）去除材料，单向上限值，*Ra* 为 6.3μm。

（2）去除材料，单向上限值，表面粗糙度最大高度的最大值为 0.8μm。

（3）不去除材料，上限值：*Ra* 为 3.2μm，下限值：*Ra* 为 1.6μm。

（4）去除材料，上限值：*Ra* 为 3.2μm，下限值：*Ra* 为 1.6μm。

9.1-2 将下图的各个表面均标注同一表面粗糙度代号（*Ra* 的上限值为 3.2μm，不可采用简化注法）。

9.1-3 圆柱、圆孔表面及螺纹表面的 *Ra* 值均为 3.2μm；其余表面为 6.3μm，用简化注法标注。

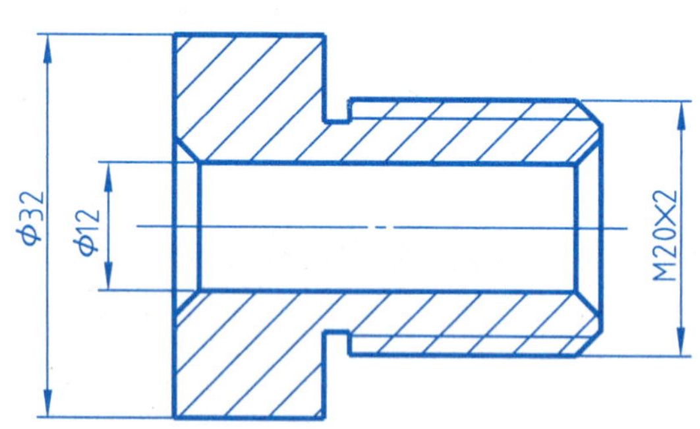

9.1-4 检查表面粗糙度代号注法上的错误，在右图中正确标注。

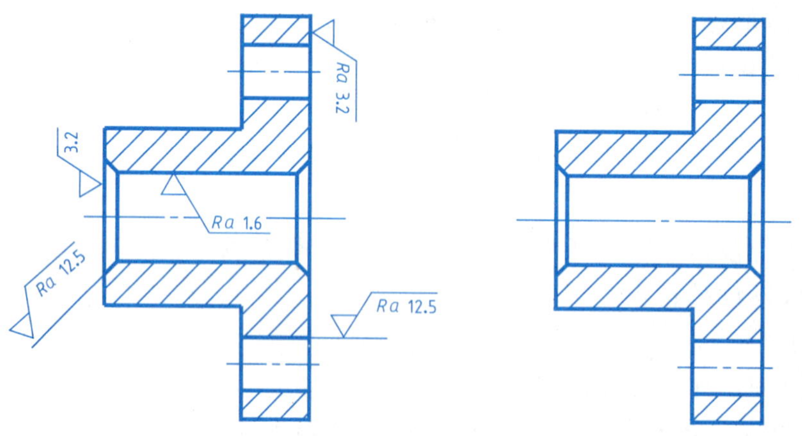

9.2-1 根据图中的标注，填写下表（只填数值）。

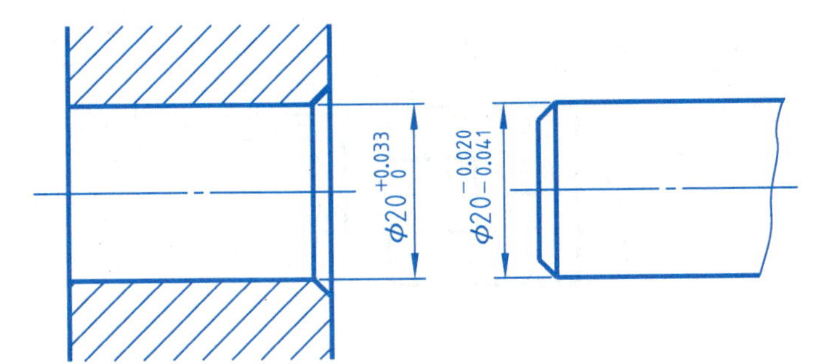

项目 / 名称	孔	轴
公称尺寸		
上极限尺寸		
下极限尺寸		
上极限偏差		
下极限偏差		
公差		

9.2-2 已知孔和轴的尺寸要求如上题所示，若轴和孔的实际尺寸如下表，确定所加工零件是否合格。

实际尺寸	孔	轴
φ20.050		
φ20.030		
φ19.970		
φ19.950		

9.2-3 根据装配图上的配合尺寸，标出相应零件图的公差带代号、极限偏差。

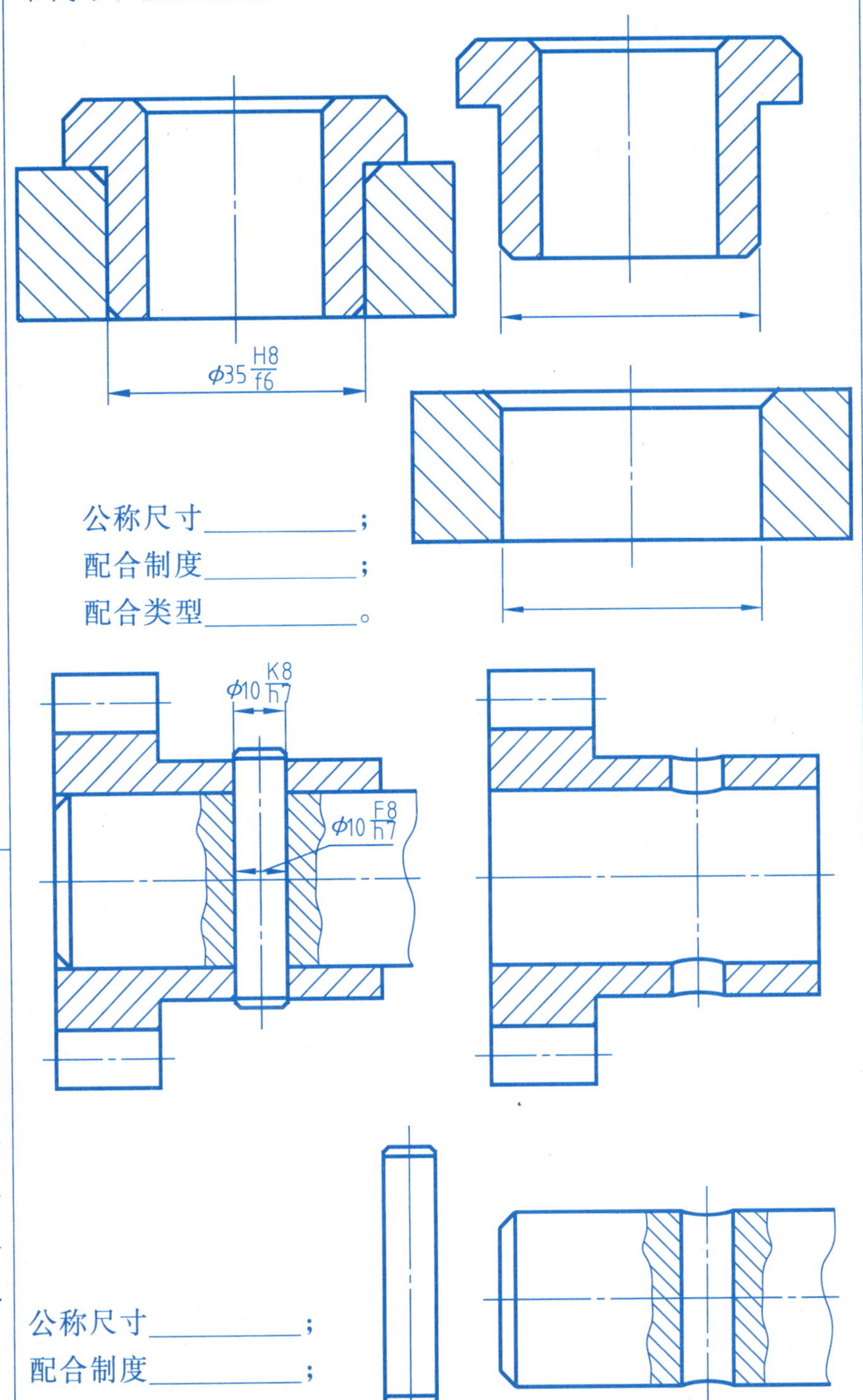

9.2-4 根据装配图中的配合代号查出极限偏差值，将其标注在相应的零件图上。

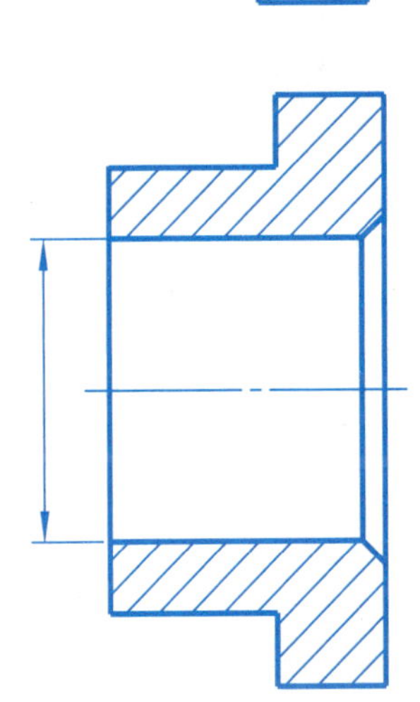

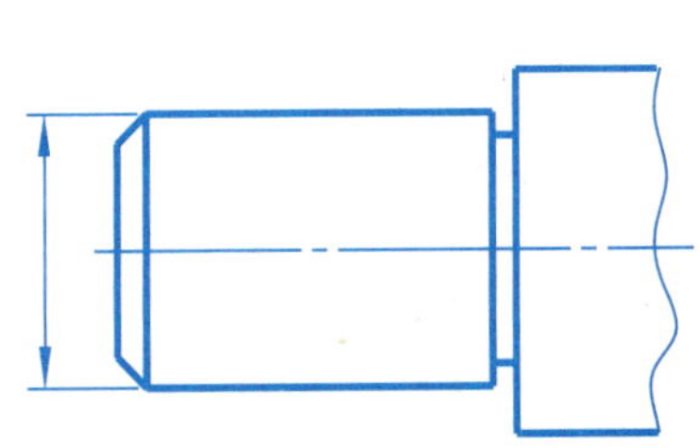

第9章 零件图

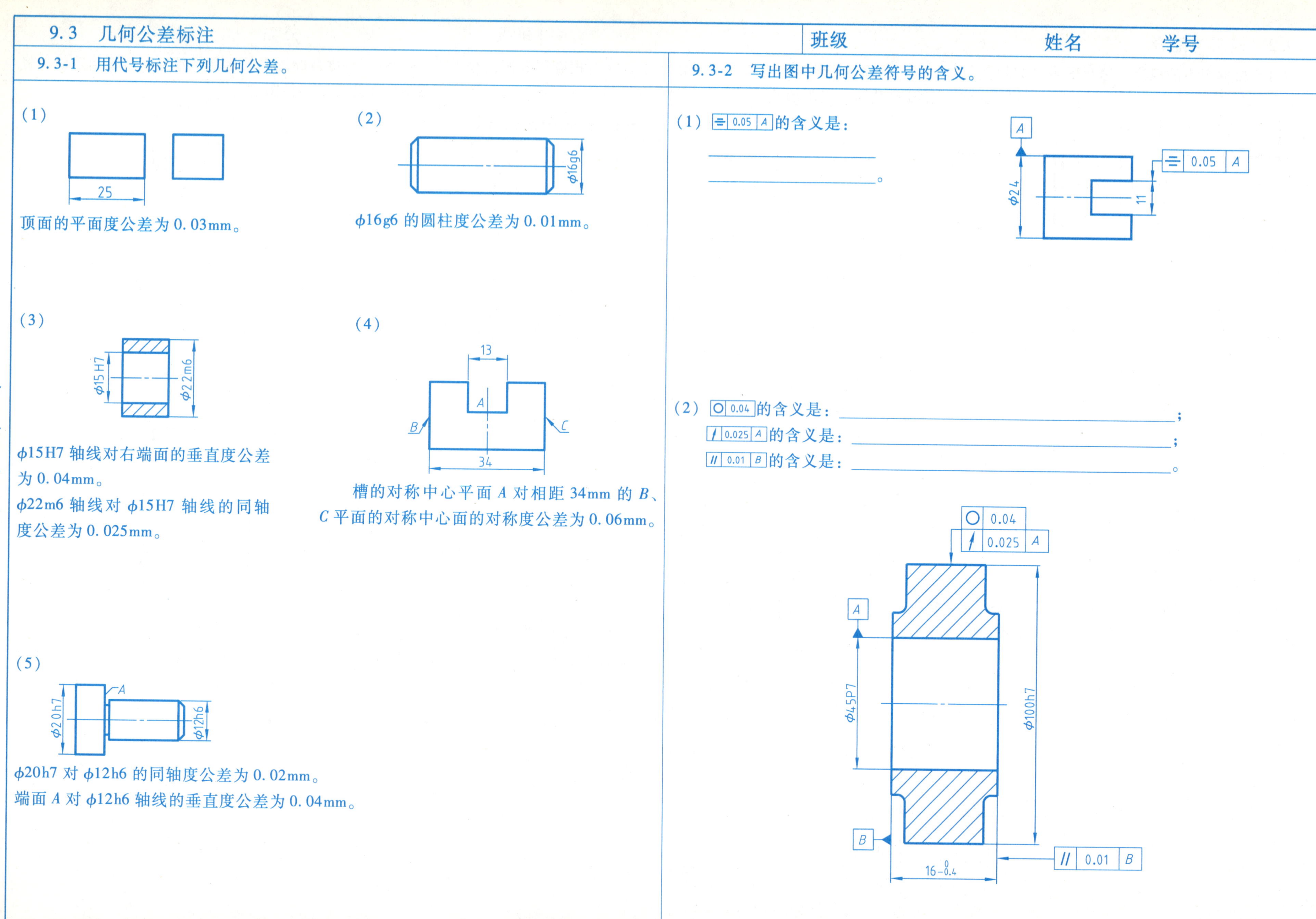
9.3 几何公差标注
班级
姓名
学号
9.3-1 用代号标注下列几何公差。
(1)
25
顶面的平面度公差为 0.03mm。
(2)
φ16g6
φ16g6 的圆柱度公差为 0.01mm。
(3)
φ15 H7
φ22m6
φ15H7 轴线对右端面的垂直度公差为 0.04mm。
φ22m6 轴线对 φ15H7 轴线的同轴度公差为 0.025mm。
(4)
13
A
B
C
34
槽的对称中心平面 A 对相距 34mm 的 B、C 平面的对称中心面的对称度公差为 0.06mm。
(5)
A
φ20h7
φ12h6
φ20h7 对 φ12h6 的同轴度公差为 0.02mm。
端面 A 对 φ12h6 轴线的垂直度公差为 0.04mm。
9.3-2 写出图中几何公差符号的含义。
(1) 0.05 A 的含义是：
A
0.05 A
φ24
11
(2) 0.04 的含义是：
0.025 A 的含义是：
// 0.01 B 的含义是：
0.04
0.025 A
A
φ45P7
φ100h7
B
// 0.01 B
16-0.4

9.4-1 根据轴测图画出零件图，比例、图纸幅面自选。

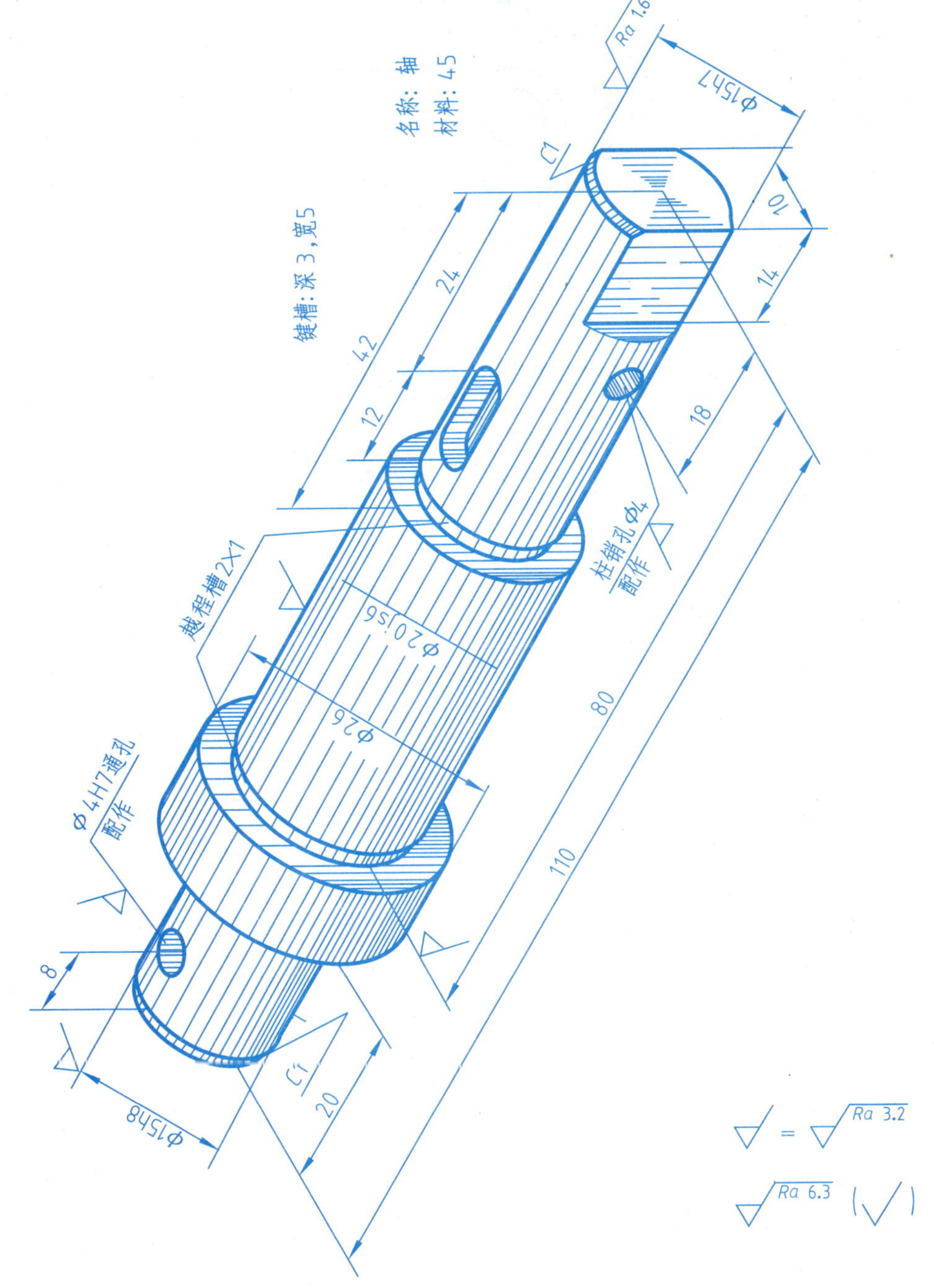

9.4-2 根据轴测图画出零件图，比例、图纸幅面自选。

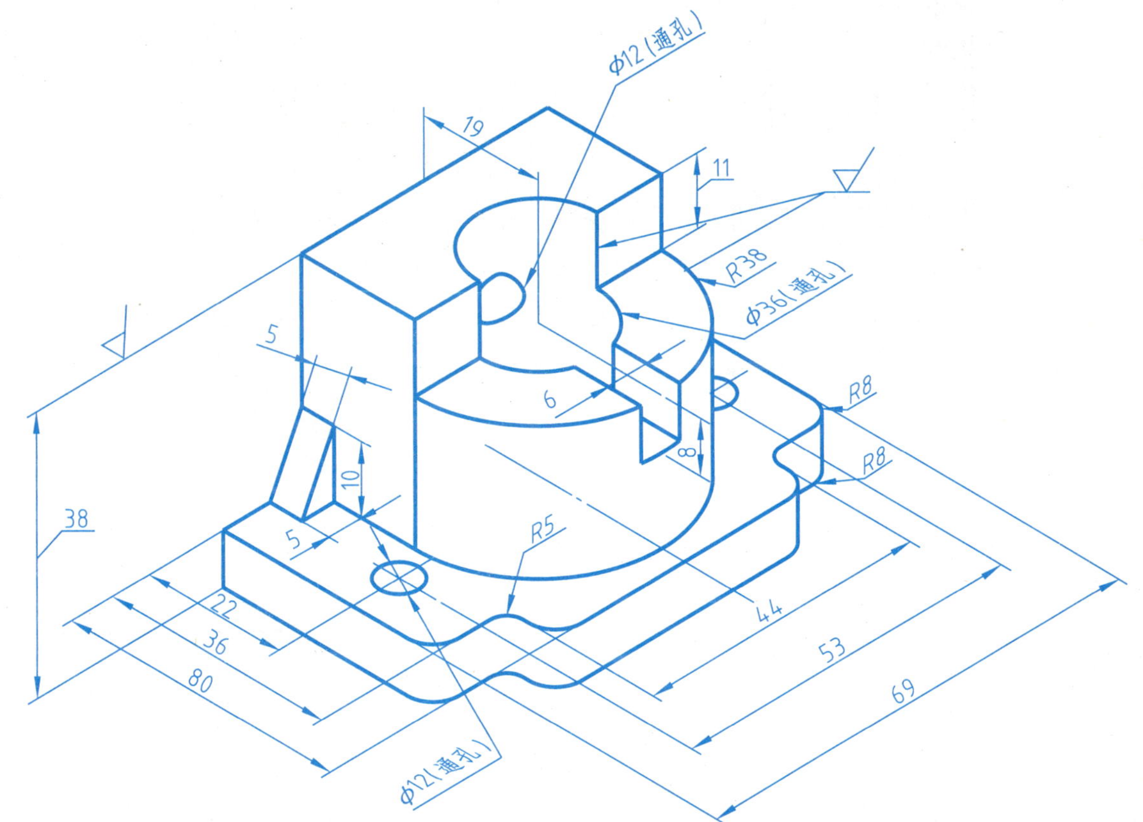

9.5 读零件图（1）

班级　　　　姓名　　　　学号

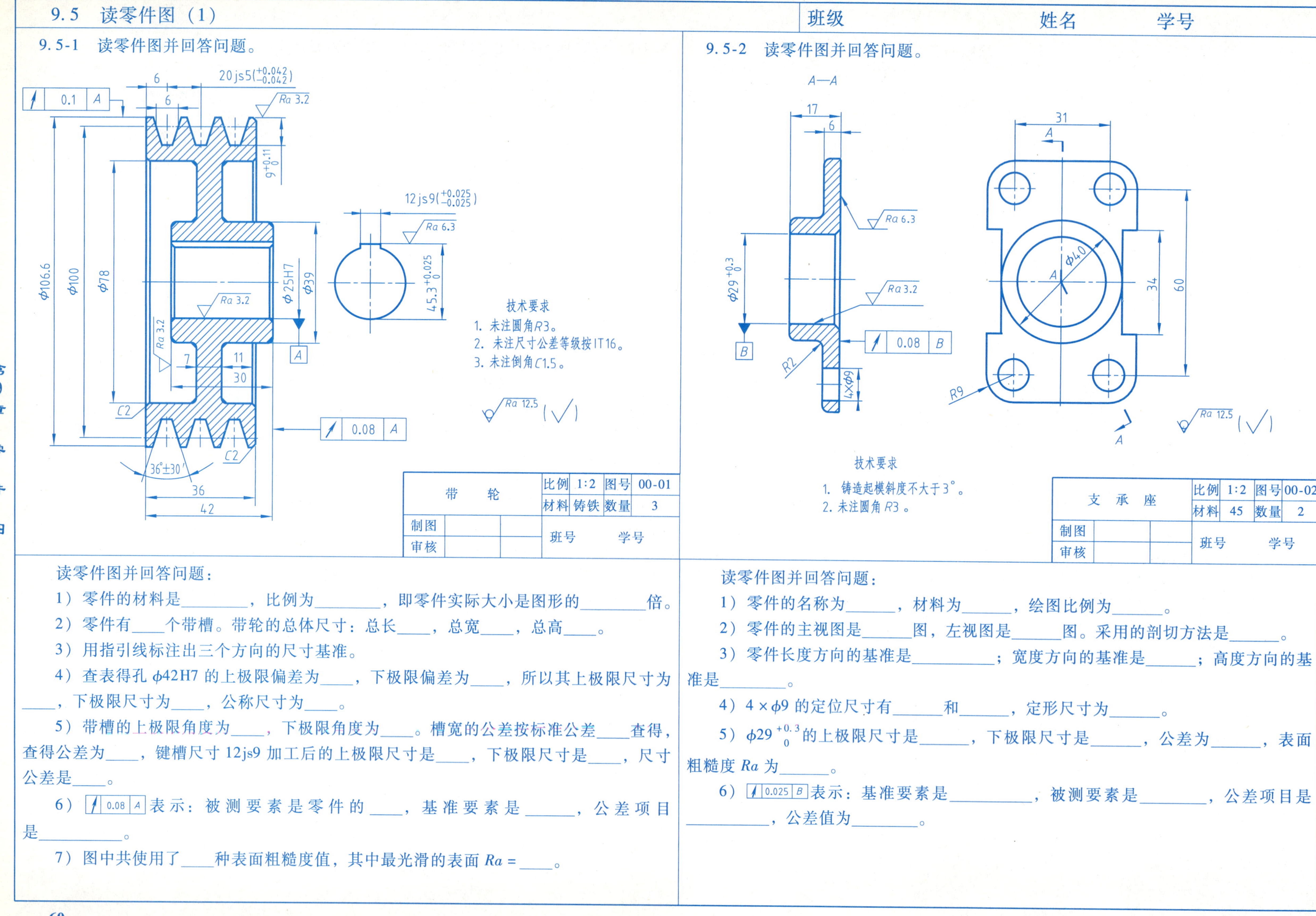

读零件图并回答问题：

1）零件的材料是________，比例为________，即零件实际大小是图形的________倍。

2）零件有____个带槽。带轮的总体尺寸：总长____，总宽____，总高____。

3）用指引线标注出三个方向的尺寸基准。

4）查表得孔 ϕ42H7 的上极限偏差为____，下极限偏差为____，所以其上极限尺寸为____，下极限尺寸为____，公称尺寸为____。

5）带槽的上极限角度为____，下极限角度为____。槽宽的公差按标准公差____查得，查得公差为____，键槽尺寸 12js9 加工后的上极限尺寸是____，下极限尺寸是____，尺寸公差是____。

6）[↗ 0.08 A] 表示：被测要素是零件的____，基准要素是______，公差项目是__________。

7）图中共使用了____种表面粗糙度值，其中最光滑的表面 Ra = ____。

读零件图并回答问题：

1）零件的名称为______，材料为______，绘图比例为______。

2）零件的主视图是______图，左视图是______图。采用的剖切方法是______。

3）零件长度方向的基准是__________；宽度方向的基准是______；高度方向的基准是________。

4）4×ϕ9 的定位尺寸有______和______，定形尺寸为______。

5）ϕ29$^{+0.3}_{0}$的上极限尺寸是______，下极限尺寸是______，公差为______，表面粗糙度 Ra 为______。

6）[↗ 0.025 B] 表示：基准要素是__________，被测要素是________，公差项目是__________，公差值为________。

第9章　零件图

9.5-3 读零件图，填空，并画出 K 局部视图。

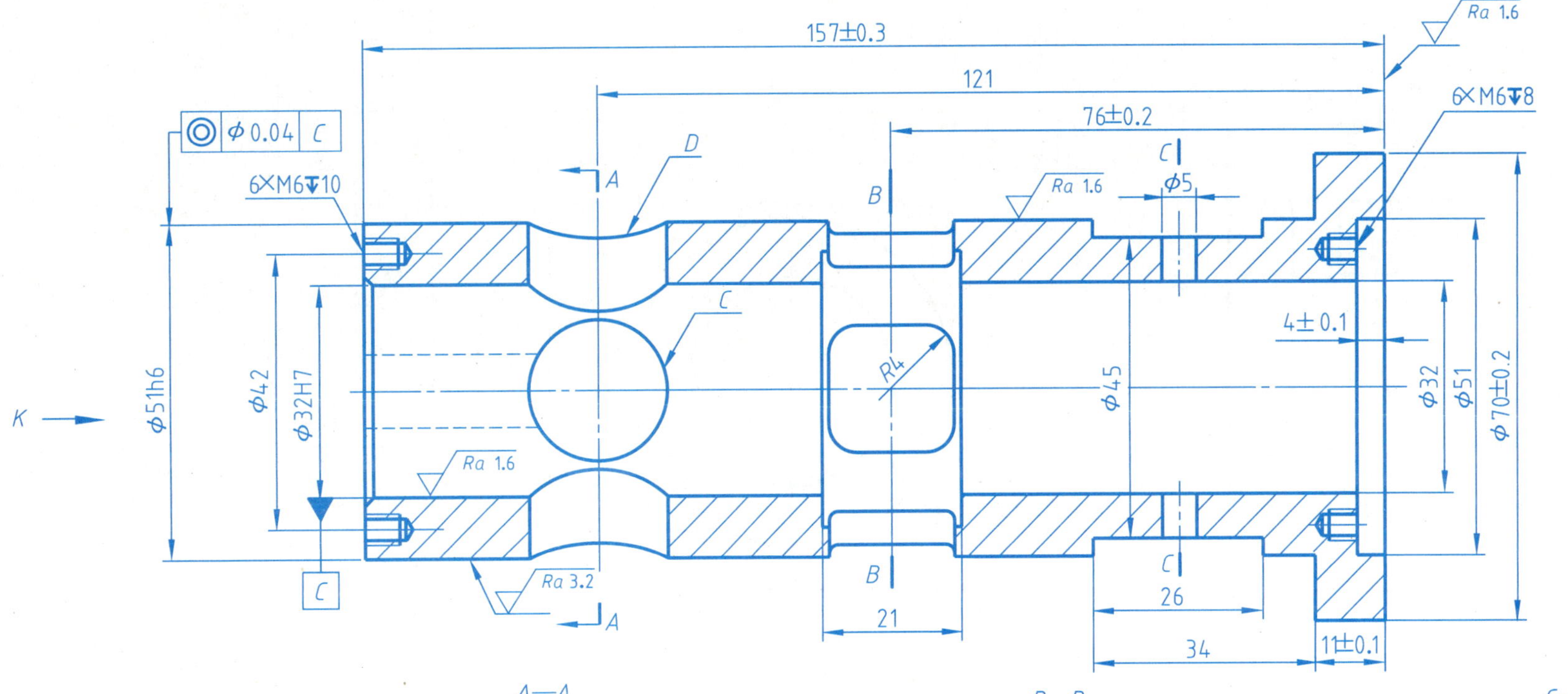

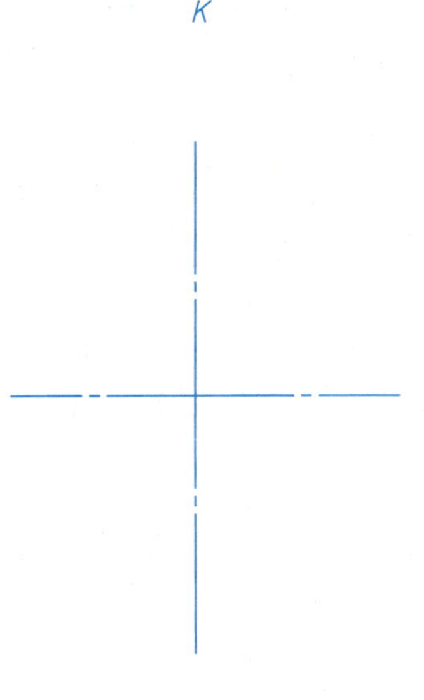

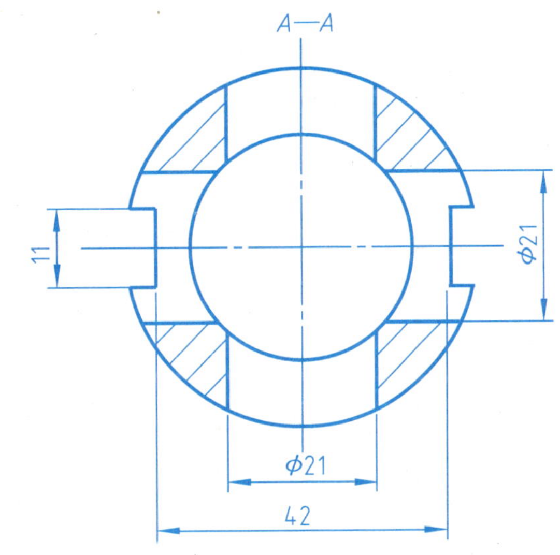

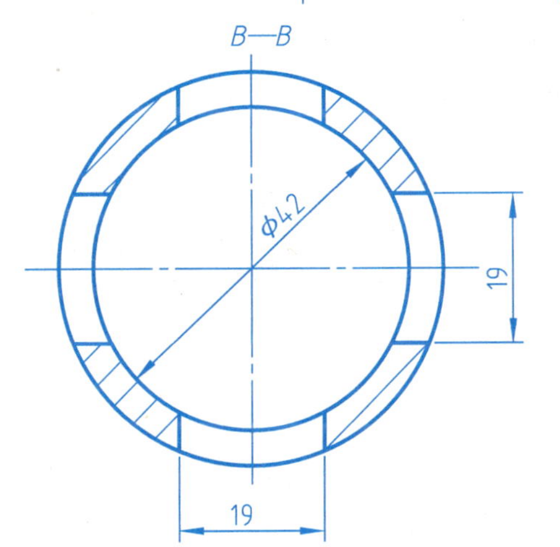

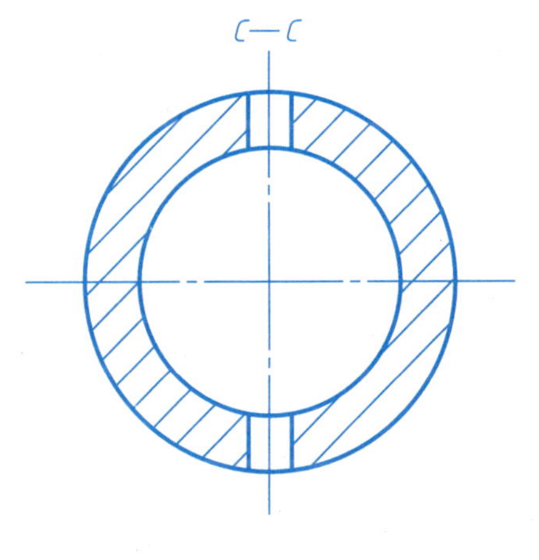

技术要求

锐边除净毛刺；未注倒角 C2。

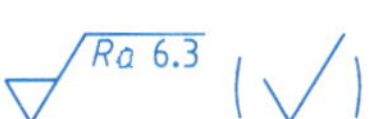

回答问题：

1. 主视图中间两条细虚线间的距离是__________。
2. ◎ Φ0.04 C 的含义是____________________。
3. 标有 C 的圆的直径是__________。
4. 套筒左端面的表面粗糙度符号是__________。
5. Φ70 ±0.2 的外圆最大可加工成________，最小可加工成__________。
6. 图中标有 D 的图线是由______与______两圆柱形成的相贯线的投影。
7. 画出 K 局部视图。

套筒		比例	1:2	图号	5
		材料	45	数量	12
制图		班号 学号			
审核					

9.5 读零件图（3）

班级　　　　姓名　　　　学号

9.5-4 读零件图并回答问题。

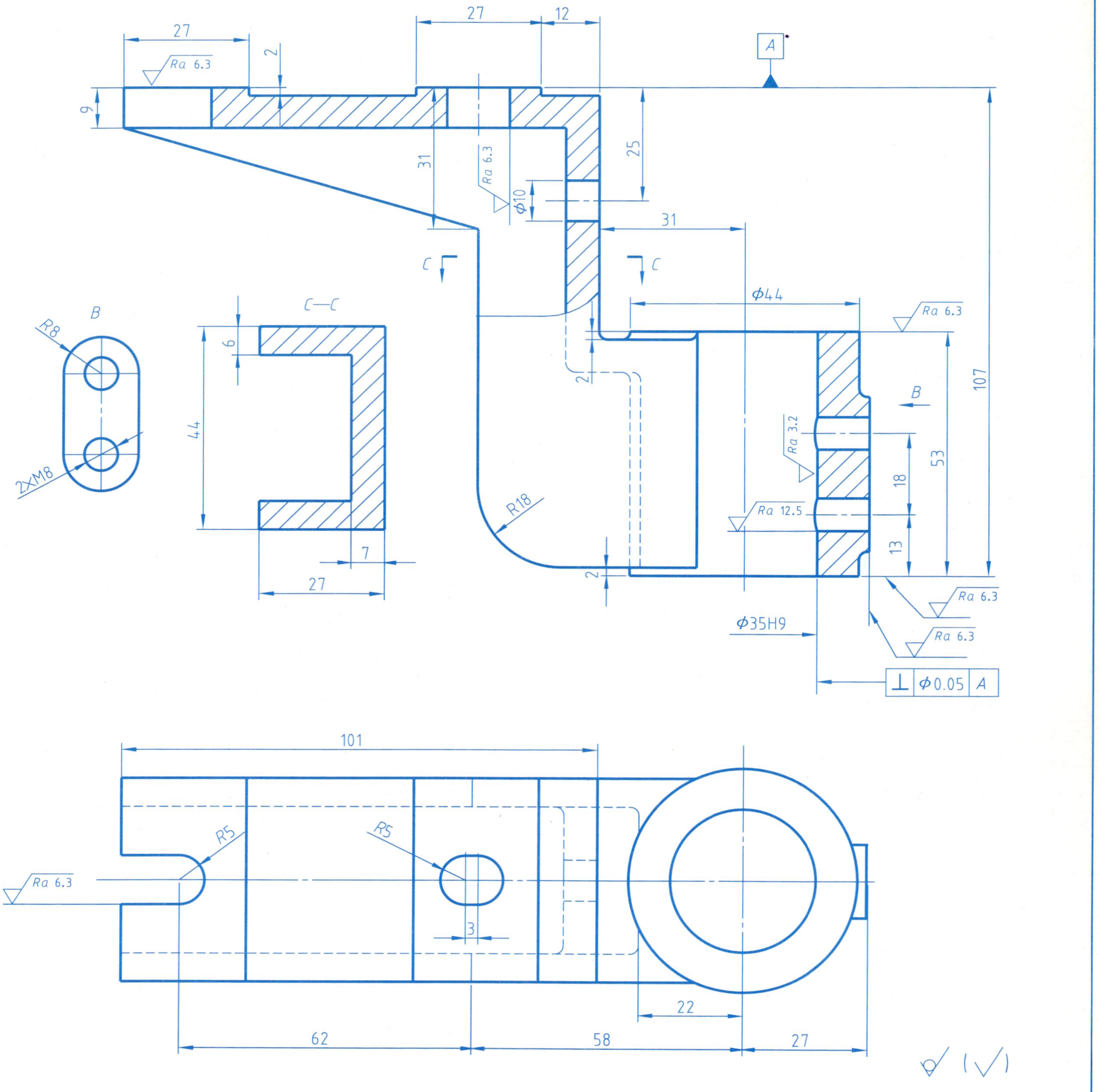

支　架			比例	1:2	图号	
			材料	HT150	数量	12
制图			班号		学号	
审核						

回答问题：

1）该零件的名称是__________，它是用________（材料）加工的。

2）零件是按________状态摆放的，该零件图是按____的比例来画的。

3）⊥ ϕ0.05 A 的含义是________________。

4）视图 *B* 采用的是______视图来表达零件结构。

5）该零件的外形尺寸分别是长______、宽______、高______。

6）ϕ35H9 的外圆最大可加工成________，最小可加工成________。

7）图中共使用了____种表面粗糙度值，最光滑的表面 *Ra* =______。

第6次制图作业指导——画零件图	班级	姓名	学号

1. 图名、图幅、比例

1）图名：箱体。

2）图幅：A3 或 A2。

3）比例：1:1 或 2:1。

2. 目的、内容和要求

（1）目的　掌握绘制零件图的方法；掌握运用视图、剖视图、剖面图等表达方法表达零件形状及典型结构的方法；学习尺寸基准的选择和尺寸标注的方法；学习表面粗糙度和公差的标注方法。

（2）内容　根据箱体零件的轴测图画出零件图；标注尺寸、表面粗糙度及相关技术要求。

3. 步骤及注意事项

1）分析零件结构。

2）确定表达方法（确定主视图并考虑其他视图的数量，以简单明了、看图方便为原则）。

3）确定比例、图幅。

4）画图框线、基准线。

5）画视图。

6）完成零件图。

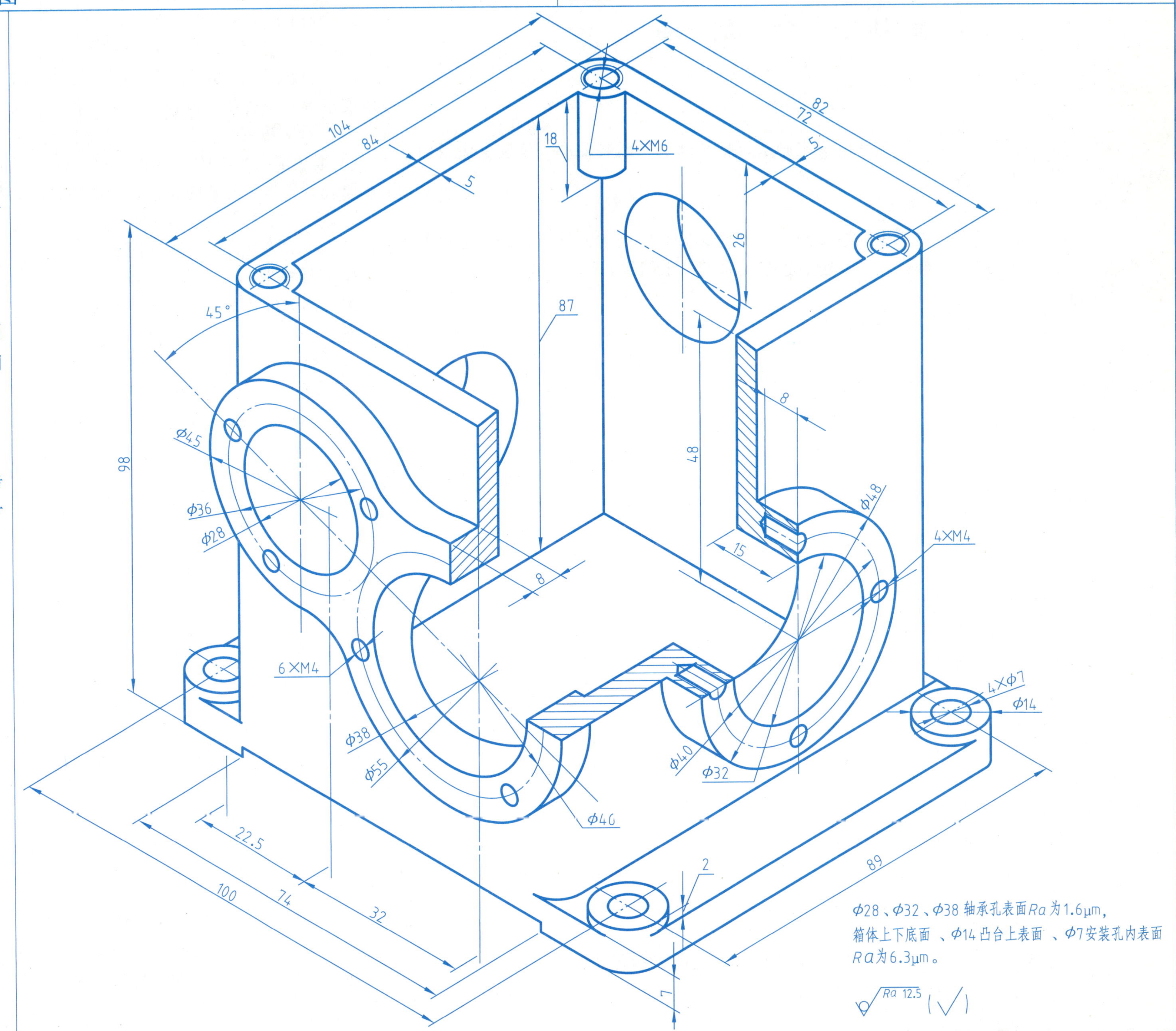

第10章 装 配 图

实践指导

本章学习装配图的内容、装配图的规定画法及特殊画法、画装配图、读装配图及由装配图拆画零件图等内容。

1. 实践目的

在机械设计和机械制造过程中，装配图是不可缺少的重要技术文件。它是表达机器或部件的工作原理及零件、部件间的装配、连接关系的技术图样。

2. 基本要求

1）了解装配图的作用和内容。

2）掌握装配图的各种表达方法的应用。

3）掌握装配图的尺寸注法。

4）掌握装配图的各种技术要求的注写方法。

5）掌握装配图中零（部）件序号、明细栏和标题栏的画法及内容注写要求。

6）熟悉装配图中各种常见工艺结构的作用。

7）掌握画装配图的方法与步骤。

8）掌握读装配图并拆画零件图的方法。

3. 实践的要点和方法

（1）装配图的作用和内容　一张完整的装配图应具有：一组视图、必要的尺寸、技术要求、零件序号、明细栏和标题栏。

（2）装配图的视图选择

1）主视图的选择应符合机器或部件的工作位置，尽可能反映机器或部件的结构特点、工作原理和装配关系。

2）分析主视图尚未表达清楚的机器或部件的工作原理、装配关系和其他主要零件的结构形状，再选择其他视图来补充主视图尚未表达清楚的结构。

（3）装配图的尺寸标注和技术要求

1）装配图主要标注：性能和规格尺寸，装配尺寸（配合尺寸、相对位置尺寸和安装尺寸），外形尺寸，其他重要尺寸等。

2）装配图的技术要求包括：装配要求、检验要求和使用要求。

（4）装配图的画图步骤

1）准备工作：了解机器或部件的功用、性能、结构特点和各零件间的装配关系等。

2）确定表达方案：选择主视图及其他视图。

3）选比例、定图幅、画出图框。

4）画各基本视图的主要基准线。

5）画出主体零件的主要结构。

6）画其他零件及各部分的细节。

7）完成全图：检查底稿，标注尺寸，编写零件序号，填写明细栏和标题栏，注明技术要求等；经过仔细检查、修改、描深完成全图。

（5）读装配图和由装配图拆画零件图

1）读装配图的一般方法和步骤：概括了解，分析各视图及其所表达的内容，弄懂工作原理和零件间的装配关系，分析零件的结构形状，并归纳总结。

2）由装配图拆画零件图的一般步骤：确定表达方案，标注尺寸和技术要求，填写标题栏，核对检查，完成零件图。

4. 实践举例

例：读钻模装配图。

解：

（1）概括了解　由标题栏、明细栏了解该装配体为钻模，主要由底座1、钻模板3、钻套4、轴5、联接件（开口垫圈6、螺母2、特制螺母7）、定位零件销9及衬套8组成。

（2）分析钻模的工作原理　该钻模用于钻床，被加工工件需要加工三个均匀分布在 $\phi(80\pm0.02)$mm 圆上的孔 $3\times\phi10$。把工件放在底座上，实现部分定位；装上钻模板3和圆柱销9实现钻模板3的定位；由螺母2及特制螺母7实现工件的夹紧；快卸开口垫圈6使装夹快捷、方便。

（3）读钻模结构及视图分析

1）钻模结构分析。主体为回转类结构，垂直分布，且前后对称；上方特制螺母结构有特殊性。

2）视图分析。

① 主视图。采用局部剖视，保留特制螺母部分外形；其他作剖视处理，清楚地表达钻模的工作原理、零件间的装配连接关系及零件的大致结构。

② 其他视图。

左视图：采用局部剖视，表达零件的结构形状。

俯视图：采用局部视图，进一步清楚地表达回转体的整体形状，以及三个均布孔的分布情况。

（4）读钻模装配图尺寸

1）性能和规格尺寸。设计时确定的钻孔尺寸，如 $3\times\phi10$，钻孔分布尺寸 $\phi80\pm0.02$ 等。

2）装配尺寸。$\phi32\,\frac{H7}{h6}$表示轴与衬套为间隙配合，$\phi20\,\frac{H7}{k6}$表示轴与座体为过渡配合，$\phi38\,\frac{H7}{n6}$表示衬套与钻模板为过渡配合，$\phi16\,\frac{H7}{n6}$表示钻套与钻模板为过渡配合。

3）总体尺寸。ϕ130、116 为总体尺寸。

4）其他重要尺寸。M16-6g、ϕ60、ϕ98、ϕ110 为主要零件的重要尺寸等。

（5）总结归纳 综合分析，想象出该钻模的整体形状。

实践内容

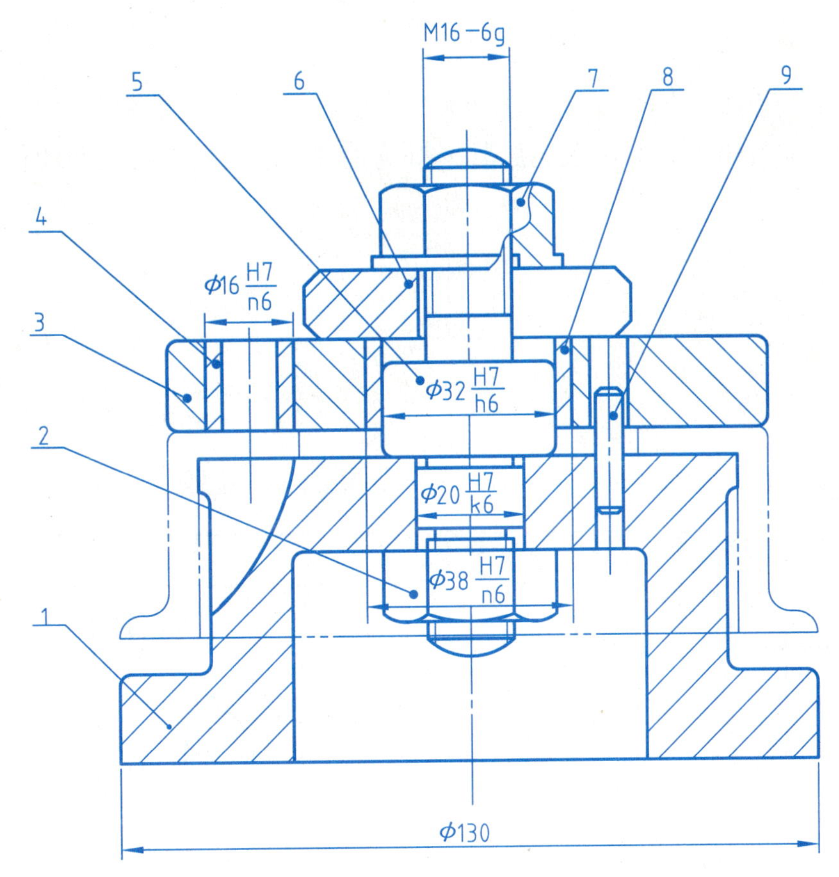

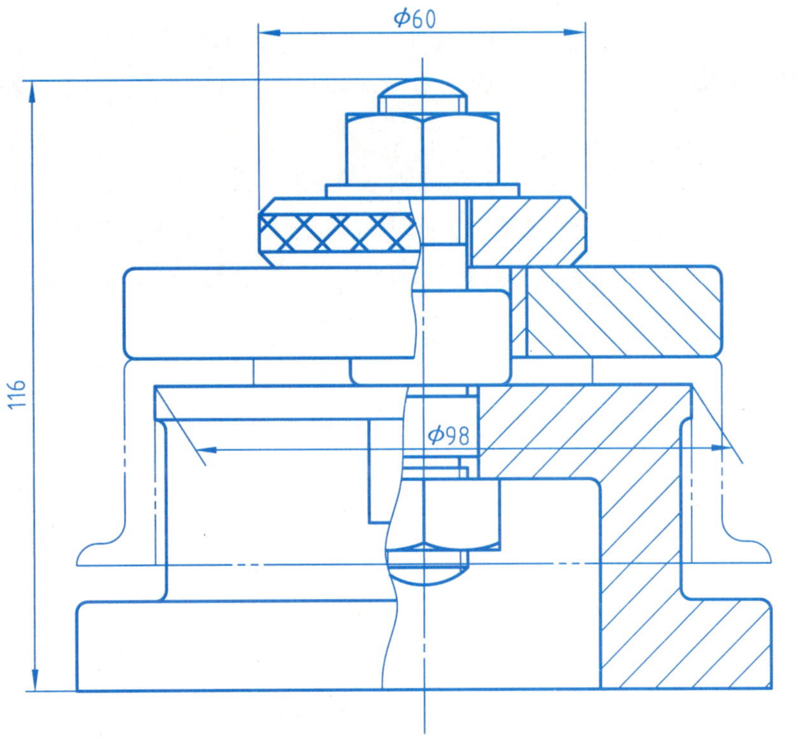

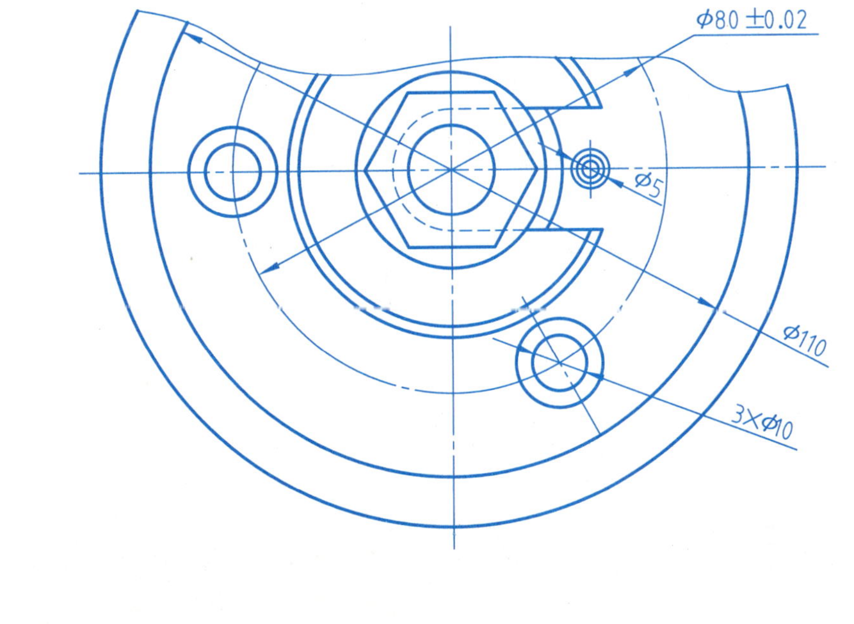

序号	代　　号	名　　称	数量	材　　料	备　　注
9	GB/T 119.1—2000	销　A5×27	1	40	
8		衬套	1	45	
7		特制螺母	1	35	
6		开口垫圈	1	40	
5		轴	1	40	
4		钻套	3	78	
3		钻模板	1	40	
2	GB/T 6170—2000	螺母 M16	1	35	
1		底座	1	HT150	

钻　　模		比例		图号	
		共　张		第　张	
制图		（校名）			
审核		班号		学号	

10.1-1 根据旋塞示意图及零件图，画装配图。

1. 旋塞的功用及作用原理

旋塞是装在管路中的一种开、闭装置（见旋塞装配示意图）。转动手把6带动塞轴2旋转，当塞轴上腰形孔对准阀体1的孔管时，则管路畅通。当手把6将塞轴2转动90°时，塞轴堵住阀体上的管孔，使管路不通。在塞轴的杆部与阀体内壁之间装入填料4，并通过螺纹紧固作用，使压盖5压紧填料及垫圈3，起到密封防漏的作用。

2. 作业指示

1）由所给的装配示意图和零件图拼画装配图，图纸幅面为A3，比例为1:3。

2）应注意装配示意图表达方法的选择和画法的规定，装配图内容应齐全。

3）旋塞画成管道畅通状态，填料应填满，压盖下沿与阀体上沿平齐。

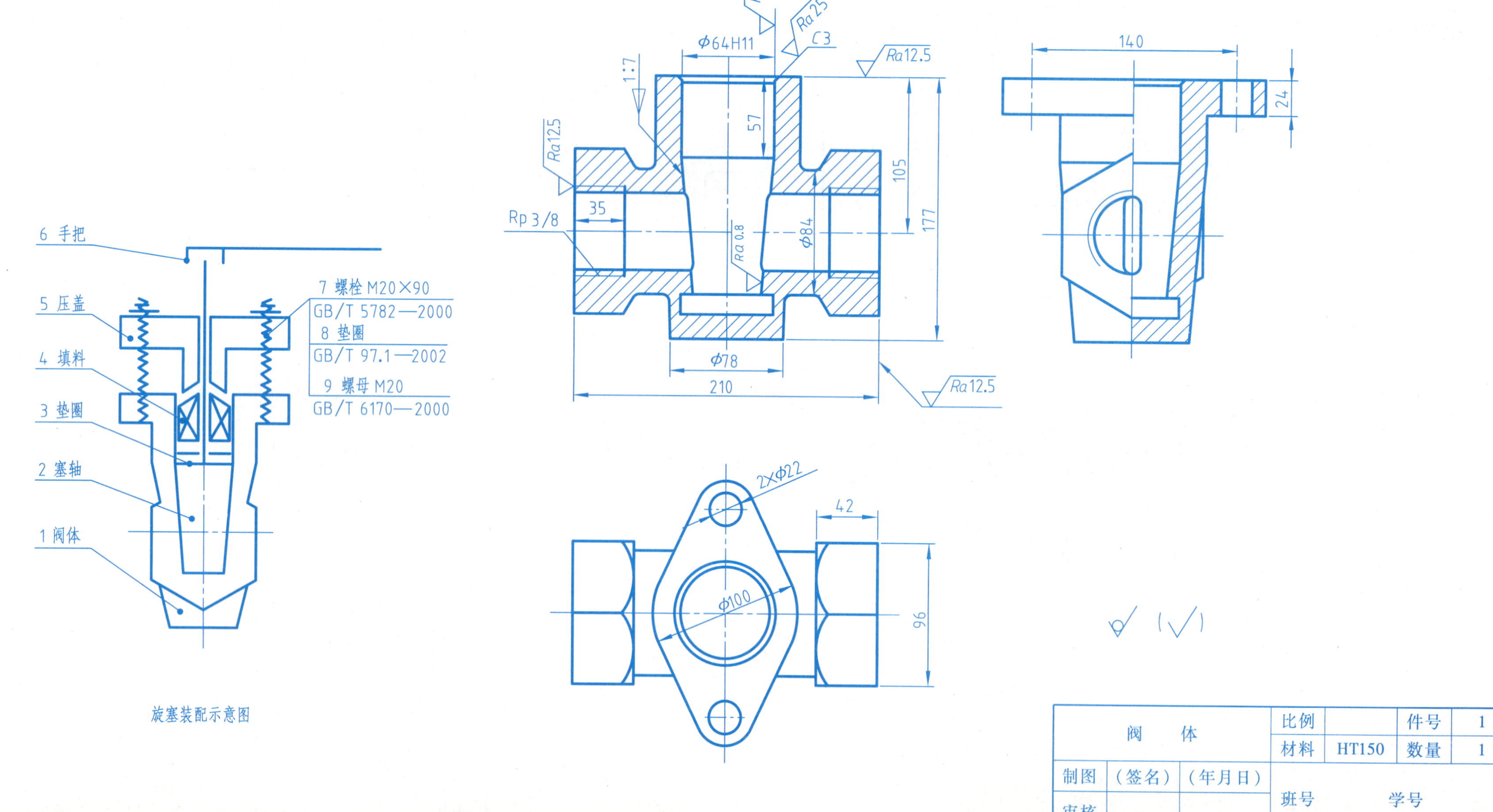

旋塞装配示意图

阀体			比例		件号	1
			材料	HT150	数量	1
制图	（签名）	（年月日）	班号		学号	
审核						

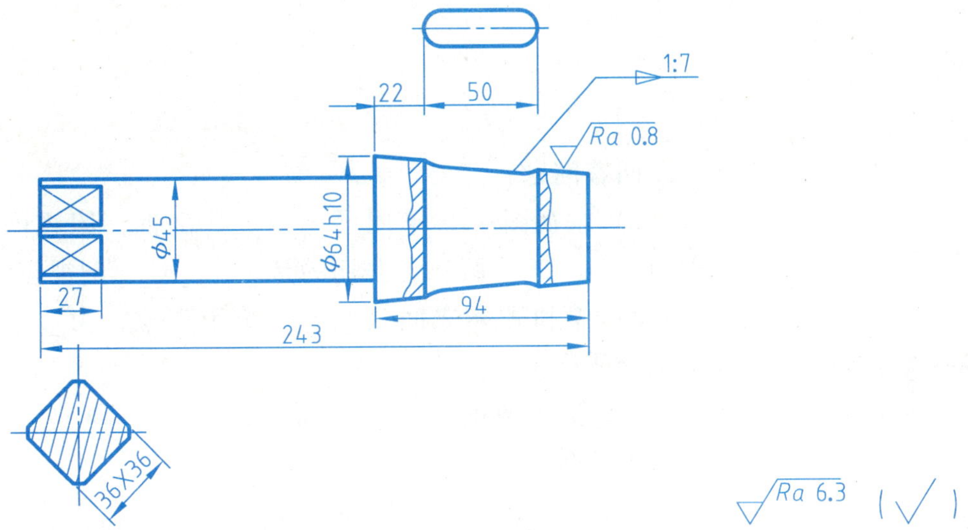

1:7
22
50
Ra 0.8
φ45
φ64h10
27
94
243
36X36
Ra 6.3 （√）

塞 轴		比例		件号	2
		材料	40Cr	数量	1
制图	（签名）	（年月日）	班号		学号
审核					

10
5
φ65
45
36X36
10
210
（√）

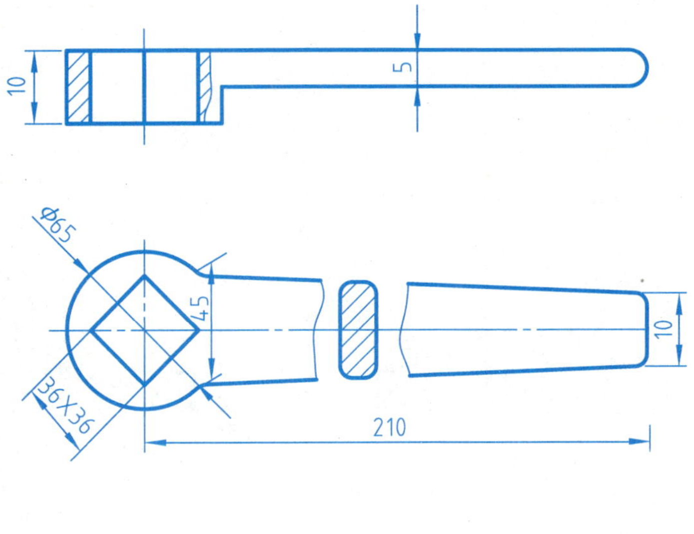

手 把		比例		件号	6
		材料	HT150	数量	1
制图	（签名）	（年月日）	班号		学号
审核					

φ46
φ62
8
Ra 6.3

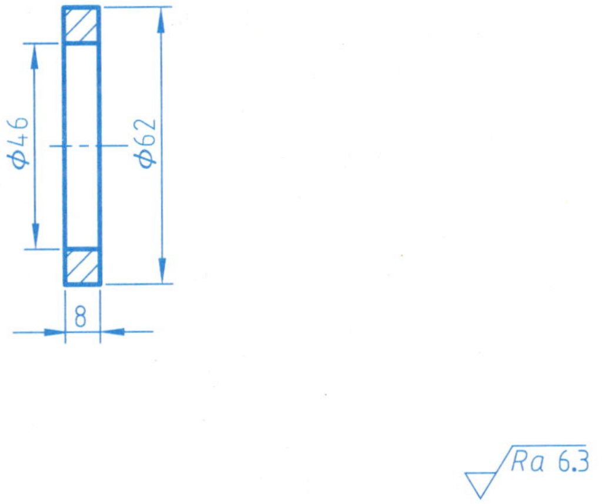

垫 圈		比例		件号	3
		材料	Q235	数量	1
制图	（签名）	（年月日）	班号		学号
审核					

R6
Ra 3.2
120°
φ64
φ46
φ30
140
30
50
2Xφ22
Ra 12.5 （√）

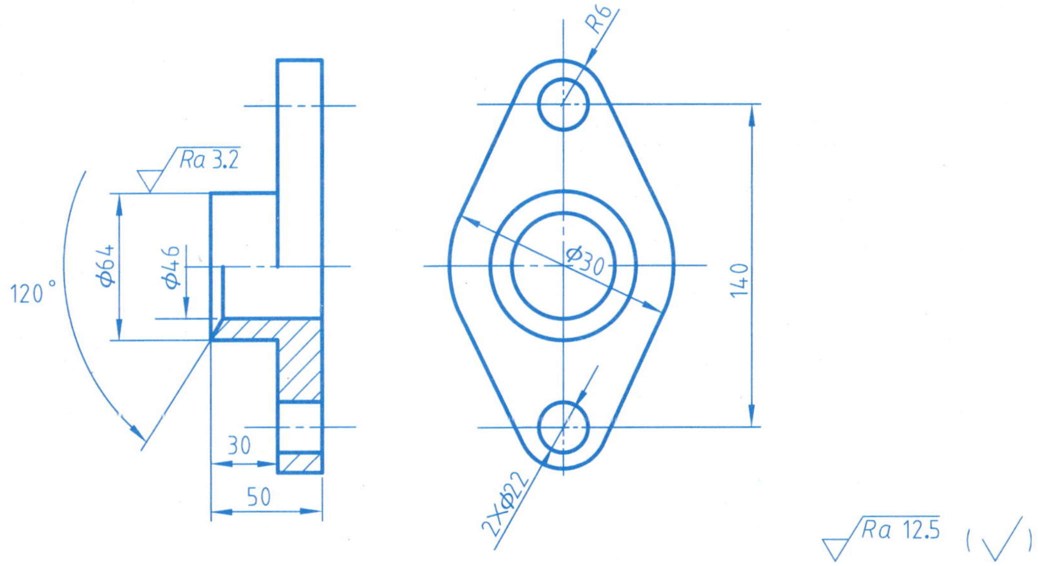

压 盖		比例		件号	5
		材料	HT150	数量	1
制图	（签名）	（年月日）	班号		学号
审核					

班级	姓名	学号

10.2-1 读齿轮减速器装配图，完成各题。

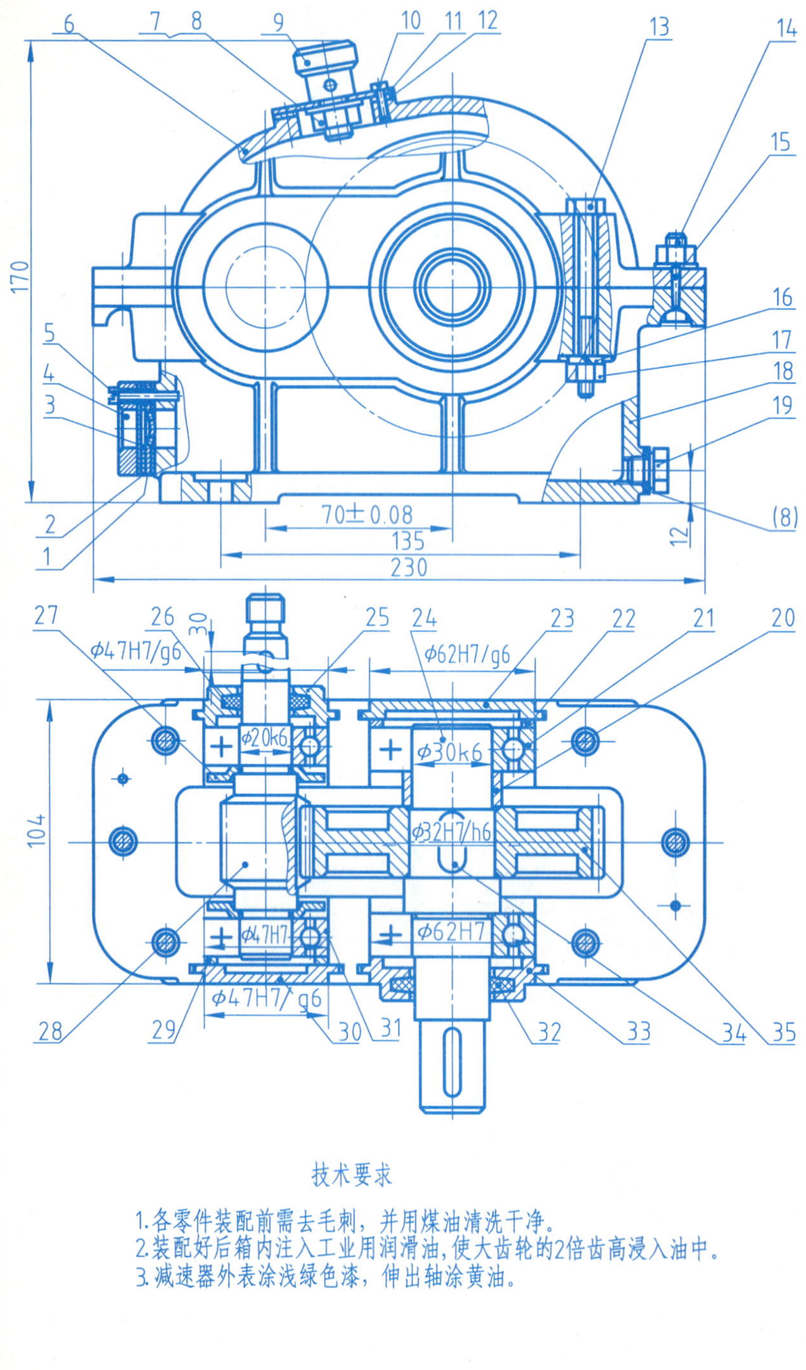

技术要求

1.各零件装配前需去毛刺，并用煤油清洗干净。
2.装配好后箱内注入工业用润滑油，使大齿轮的2倍齿高浸入油中。
3.减速器外表涂浅绿色漆，伸出轴涂黄油。

拆去7～12号零件

φ18　M14−6g　1:20　54　φ24h6　34　78　212

回答问题：

1）主视图中共采用了______处剖视，俯视图采用了________画法，采用的是__________剖视。

2）盖和壳体之间由______个销定位，由____个螺栓联接。

3）装配图的总体尺寸是____、____和____，安装尺寸是______。

4）俯视图中 $\phi32\dfrac{H7}{h6}$ 表示的是______和______的配合，其配合性质是________。

5）拆出序号为 24 的零件需要先拆下___________，再拆下___________，最后拆下___________，才能取出该零件。

6）拆画序号 28 的零件图（用 A3 图纸）。

序号	代号	名称	数量	材料	备注
35		齿轮	1	45	$m=2$，$z=55$
34	GB/T 1096—2003	键 10×8×22	1		
33		端盖	1	HT150	
32	FZ/T 92010—1991	毡圈 30	1	毛毡	
31	GB/T 276—1994	滚动轴承 6204	2		
30		端盖	1	HT150	
29		调整环	1	Q235A	
28		齿轮轴	1	45	$m=2$，$z=15$
27		挡油环	2	Q235A	
26	FZ/T 92010—1991	毡圈 20	1	毛毡	
25		端盖	1	HT200	
24		轴	1	45	
23		端盖	1	HT150	
22		调整环	1	Q235A	
21	GB/T 276—1994	滚动轴承 6206	2		
20		套筒	1	Q235A	
19	QC/T 376—1999	螺塞 M10×1	1	Q235A	
18		箱体	1	HT150	
17	GB/T 6170—2000	螺母 M8	6		
16	GB/T 93—1987	垫圈 8	6		
15	GB/T 117—2000	圆锥销 3×18	2	45	
14	GB/T 5782—2000	螺栓 M8×35	2	Q235A	
13	GB/T 5782—2000	螺栓 M8×70	4	Q235A	
12		垫片	1	压纸板	
11		小盖	1	HT200	
10	GB/T 65—2000	螺钉 M3×10	4		
9		通气塞	1	Q235A	
8	GB/T 97.1—2002	垫圈 10	2		
7	GB/T 6170—2000	螺母 M10	1		
6		箱盖	1	HT200	
5	GB/T 65—2000	螺钉 M3×5	3		
4		小盖	1	HT200	
3		油面指示片	1	赛璐珞	
2		垫片	2	毛毡	
1		反光片	1	铝	

齿轮减速器		比例	1:2	图号	
		共　张		第　张	
制图		（校名）			
审核		班号		学号	

10.3-1 读懂微调装置装配图、回答问题，并拆画支座零件图。

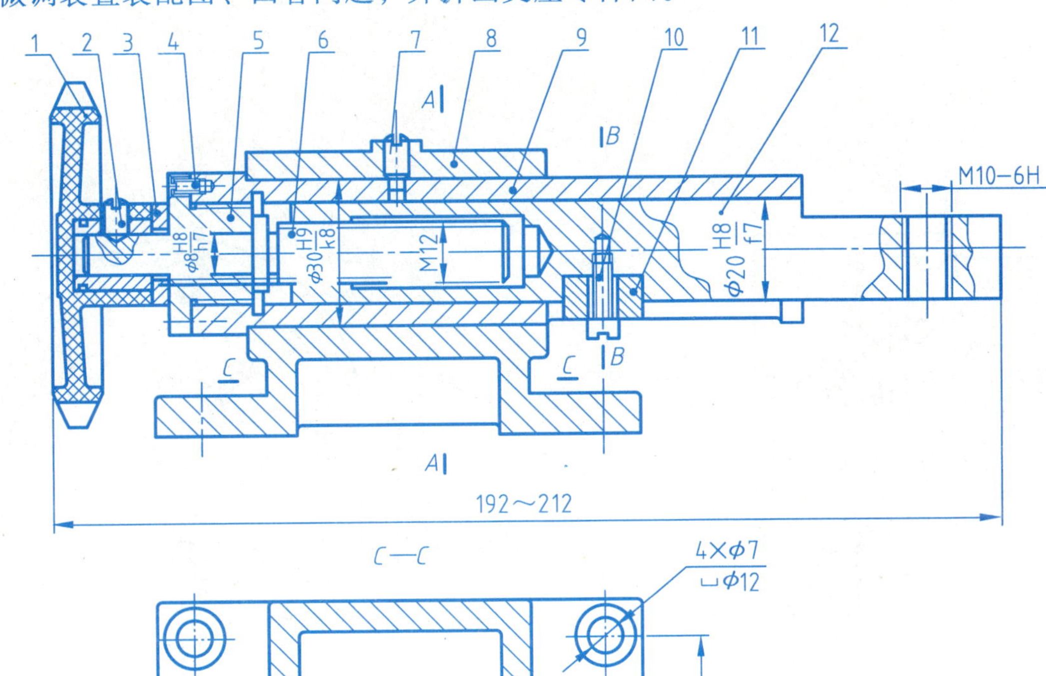

A—A

φ68

36

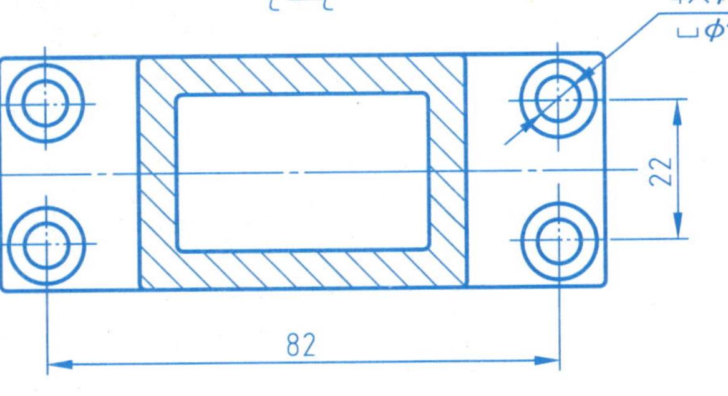

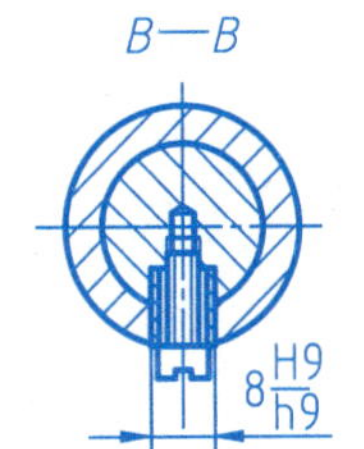

技术要求

1. 装配后，导杆在导套内运动灵活。
2. 转动手轮时，力度不要过大。

1. 工作原理

该部件为氩弧焊机的微调装置，是螺纹传动机构。导杆12的右端头有一个螺纹孔M10，为固定焊枪用的。当转动手轮1时，螺杆6作旋转运动，导杆12在导套9内作轴向移动进行微调。

2. 回答问题

1）该装配图共用了______个视图表达结构，其中，左视图为____剖视。

2）尺寸 $\phi30\ \frac{H9}{k8}$ 表示配合基准制为__________，配合类型为__________配合。

3）该装配图的安装尺寸有______________。

4）转动手轮1，导杆12作什么运动？

5）螺杆6与手轮1是否会一起转动？为什么？它们是怎样连接的？

3. 作业

拆画支座8的零件图。

序号	代号	名称	数量	材料	备注
12		导杆	1	45	
11		键 8×7×6	1	45	
10	GB/T 65—2000	螺钉	1	Q235	
9		导套	1	45	
8		支座	1	ZL103	
7	GB/T 75—1985	紧定螺钉 M6×12	1	Q235	
6		螺杆	1	45	
5		轴套	1	45	
4	GB/T 73—1985	紧定螺钉 M3×8	1	Q235	
3		垫圈	1	Q235	
2	GB/T 71—1985	紧定螺钉 M5×8	1	Q235	
1	JB/T 7273.1—1994	手轮	1	酚醛塑料	

微调装置		比例		图号	
		共 张		第 张	
制图			（校名）		
审核		班号		学号	

10.3-2 读懂气缸装配图、回答问题，并拆画前盖零件图。

1. 气缸的用途及作用原理

气缸是以压缩空气作为动力，推动机件运动的部件。当压缩空气由后盖 11 上的 Rc1/4 孔进入气缸内，推动活塞 8 和活塞杆 1 向左移动（活塞杆的左端连接工作机构），为工作行程。此时，气缸左腔中的空气从前盖 3 上的 Rc1/4 孔排出。此行程结束后，气动系统中的换向元件使压缩空气从前盖 3 上的 Rc1/4 孔进入，活塞和活塞杆便向右移动到图示位置，为回程。此时，气缸右腔中的空气通过后盖 11 中的 Rc1/4 孔排出。如此往复循环驱动工作机构连续工作。

2. 回答问题

1）该装配图共用了____个图形表达结构，其中主视图为____剖视，主要表达主体装配结构。

2）尺寸 $\phi50\dfrac{H8}{f8}$ 表达了件____与件____的装配尺寸，为基____制____配合类型。

3）M16×1.5-6H 表示____（粗牙、细牙）______螺纹（螺纹类型），螺距为______，6H 表示________。

4）此装配体的总体尺寸为____、____、____。

5）前盖 3 上四个螺栓通孔的定位尺寸为______。

3. 作业要求

由给出的气缸装配图拆画出前盖 3 的零件图。采用 1:1 的比例、在 A3 图纸上画图。

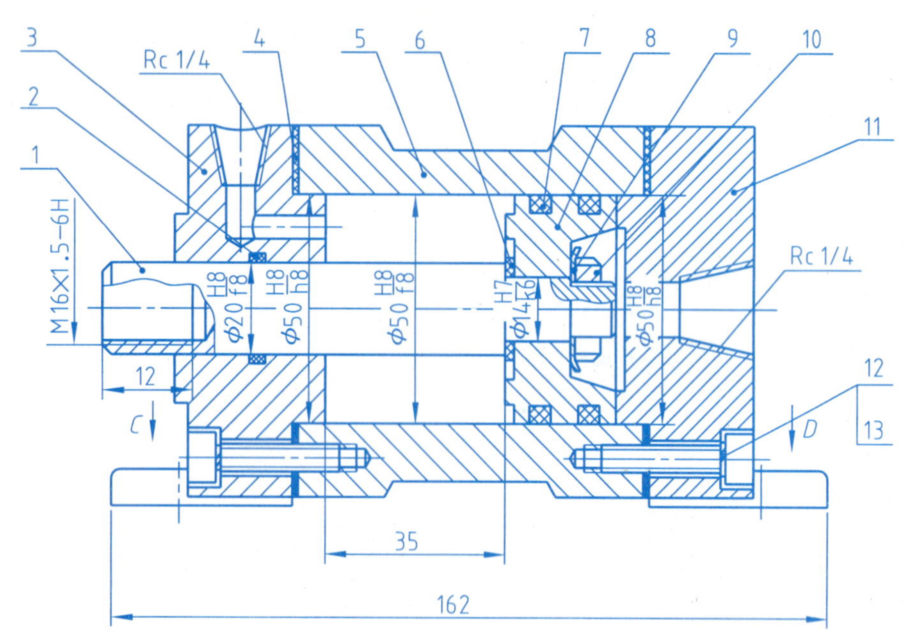

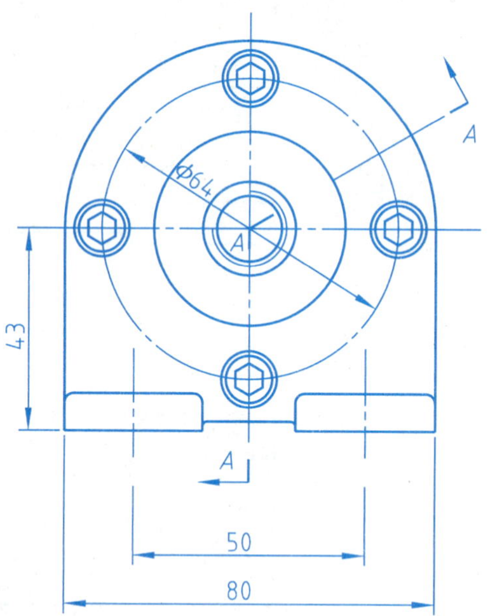

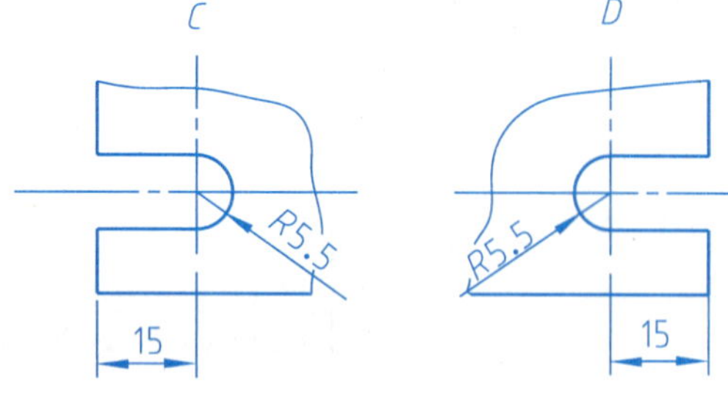

技术要求

1. 装配后，活塞运动灵活，各密封处不得漏气。
2. 装配时选择垫片，使其厚度适当。

序号	代　号	名　称	数量	材　料	备　注
13	GB/T 93—1987	垫圈 6	8	65Mn	
12		螺钉 M12×125	8	Q235	
11		后盖	1	HT150	
10	GB/T 812—1988	螺母 M12	1	Q235	
9	GB/T 858—1987	垫圈 12	1	Q235	
8		活塞	1		
7		密封圈	2	橡胶	
6		垫片	2	橡胶石棉板	
5		缸体	1	HT200	
4		垫片	2	橡胶石棉板	
3		前盖	1	HT150	
2		密封圈	1	橡胶	
1		活塞杆	1	45	

气　缸		比例		图号	
		共　张		第　张	
制图		（校名）			
审核		班号		学号	

1. 图名、图幅、比例

1）图名：机用虎钳。

2）图幅：A3。

3）比例：1:2 或 1:1。

2. 目的、内容和要求

（1）目的　掌握绘制装配图的方法及步骤，为识读机械图样及零件测绘打下基础。

（2）内容　由所给的装配示意图和零件图拼画装配图。

（3）要求　恰当地选择视图表达方案，标注必要的尺寸，编写零件序号，填写标题栏、明细栏。

3. 步骤及注意事项

1）参阅机用虎钳装配示意图，弄清工作原理，读懂零件图。

2）选择一组恰当的视图，清楚地表达机用虎钳的工作原理、零件间的装配关系和主要零件的结构形状。

3）注意装配图的画法，如接触面和配合面的画法、相邻零件剖面线画法、夸大画法、假想画法、展开画法和简化画法等。

4）标注尺寸时应注意标全装配尺寸、安装尺寸、总体尺寸、性能规格尺寸及重要尺寸等，保证尺寸标注正确、完整、清晰。

5）完成底稿，经仔细校核后再加深。

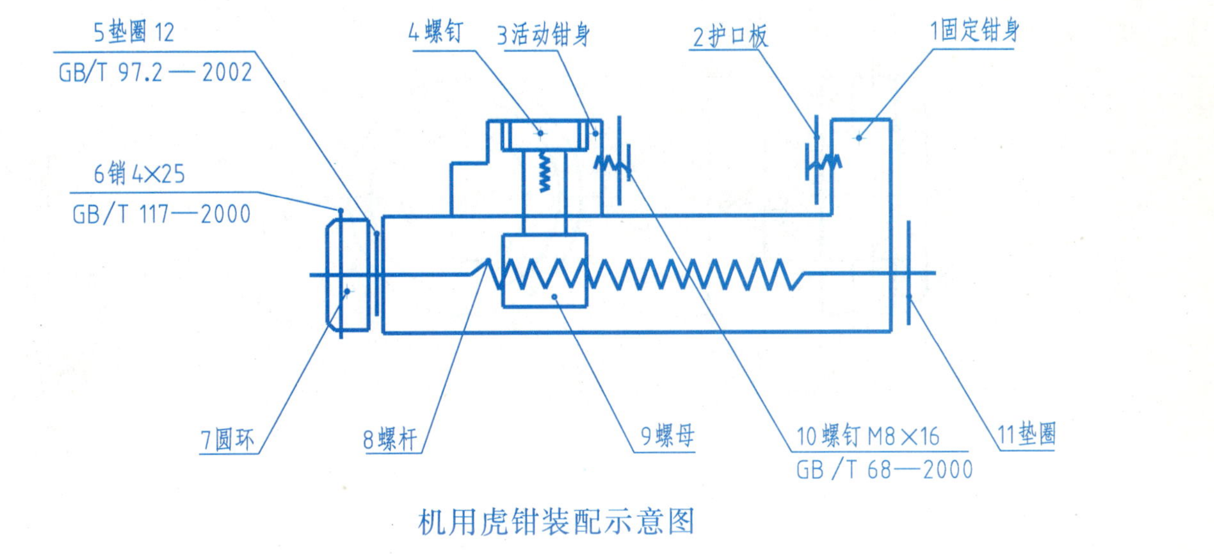

机用虎钳装配示意图

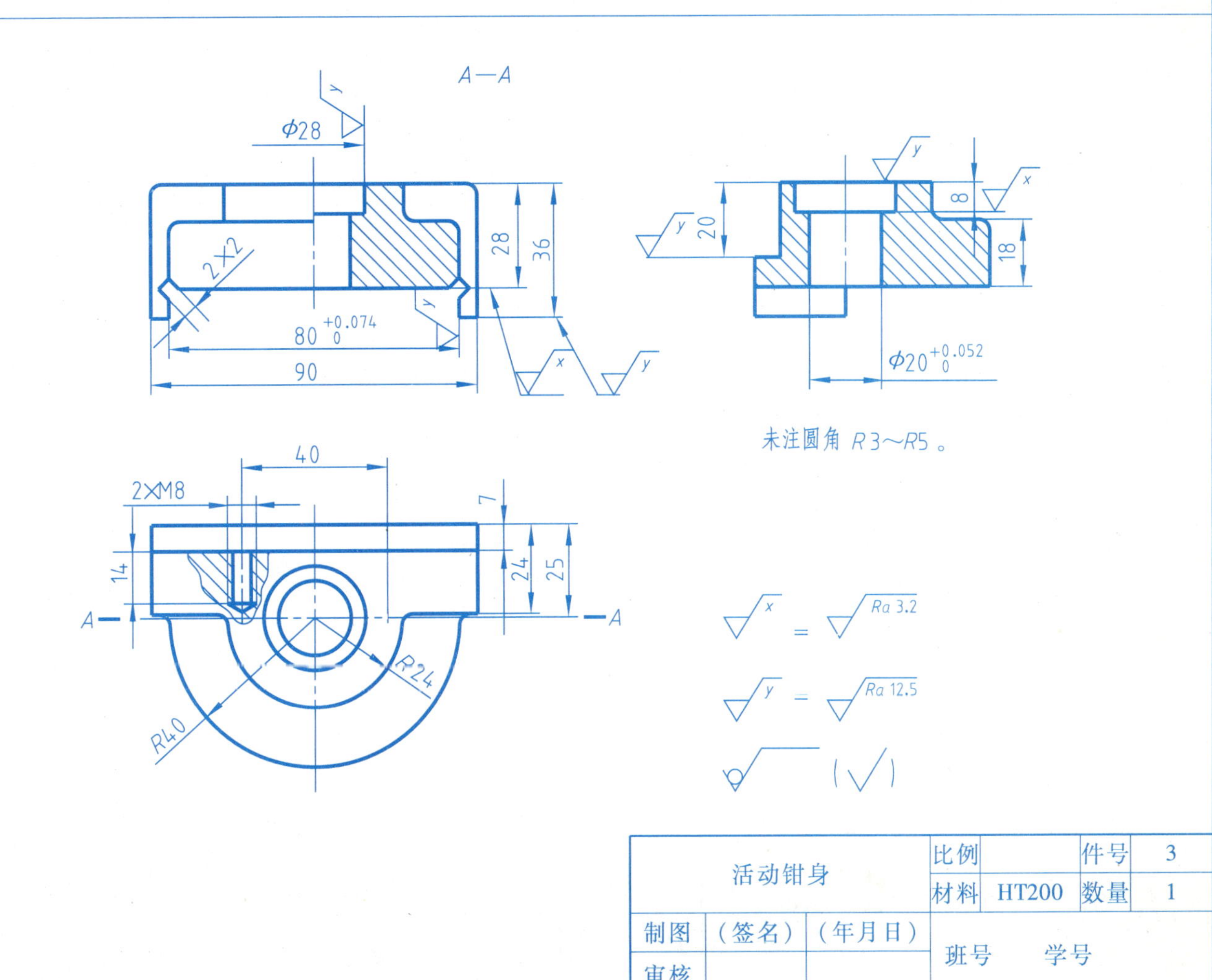

活动钳身			比例		件号	3
			材料	HT200	数量	1
制图	（签名）	（年月日）	班号		学号	
审核						

第10章 装配图

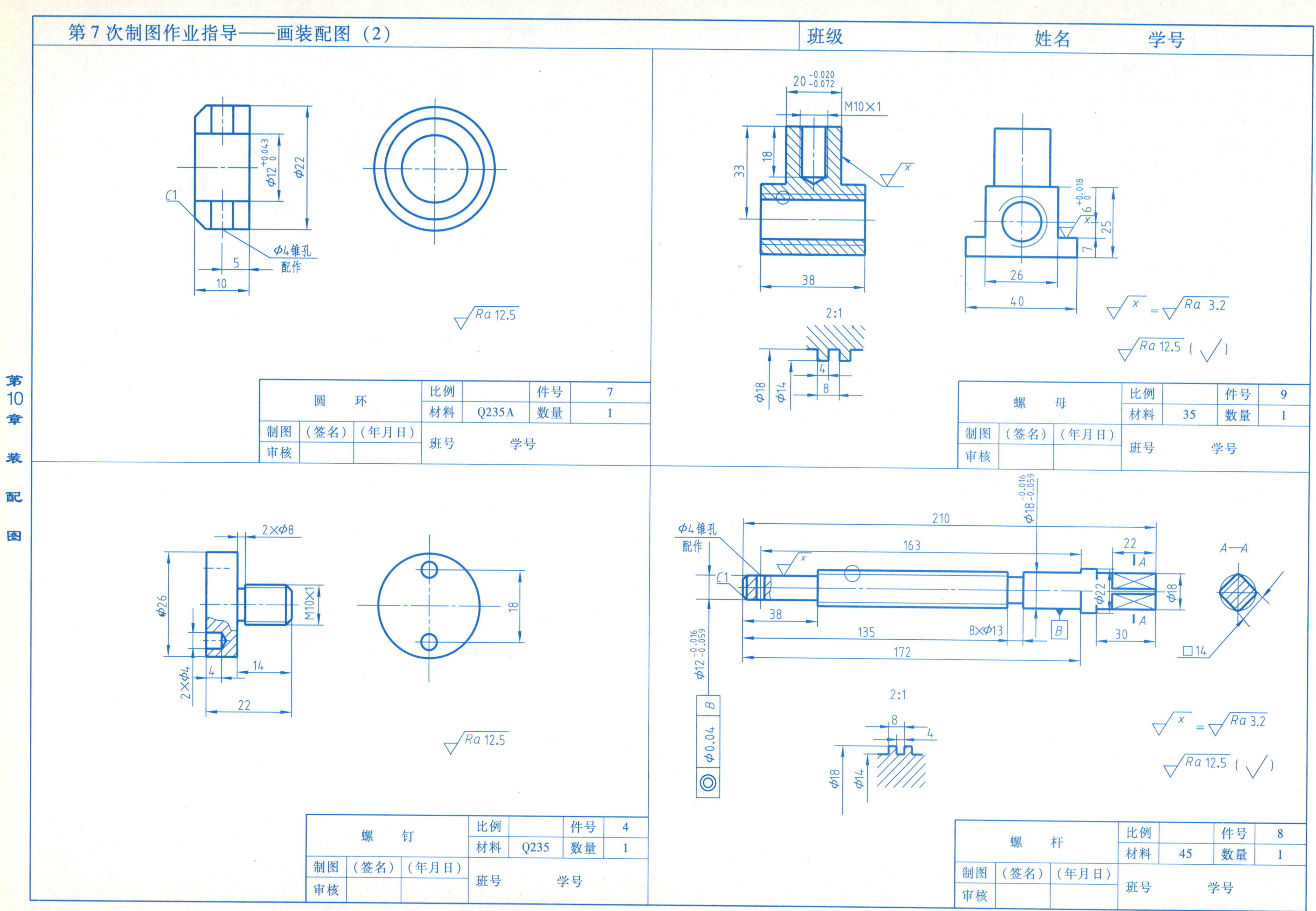
第7次制图作业指导——画装配图（2）
班级
姓名
学号
圆　环
比例
件号
7
材料
Q235A
数量
1
制图
（签名）
（年月日）
审核
班号
学号
螺　母
比例
件号
9
材料
35
数量
1
制图
（签名）
（年月日）
审核
班号
学号
螺　钉
比例
件号
4
材料
Q235
数量
1
制图
（签名）
（年月日）
审核
班号
学号
螺　杆
比例
件号
8
材料
45
数量
1
制图
（签名）
（年月日）
审核
班号
学号
Φ4锥孔
配作
C1
Ra 12.5
Ra 3.2
M10×1
2:1
2×Φ8
2×Φ4
A—A
8×Φ13
□14

班级 姓名 学号

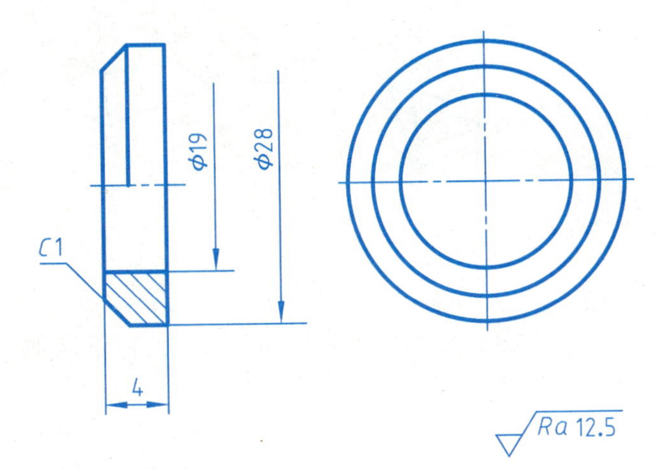

垫　圈			比例		件号	11
			材料	Q235A	数量	1
制图	（签名）	（年月日）	班号		学号	
审核						

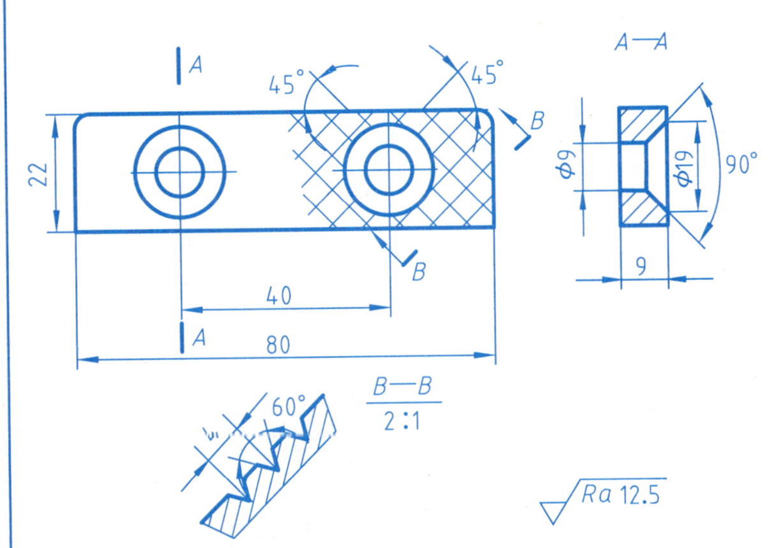

护　口　板			比例		件号	2
			材料	45	数量	2
制图	（签名）	（年月日）	班号		学号	
审核						

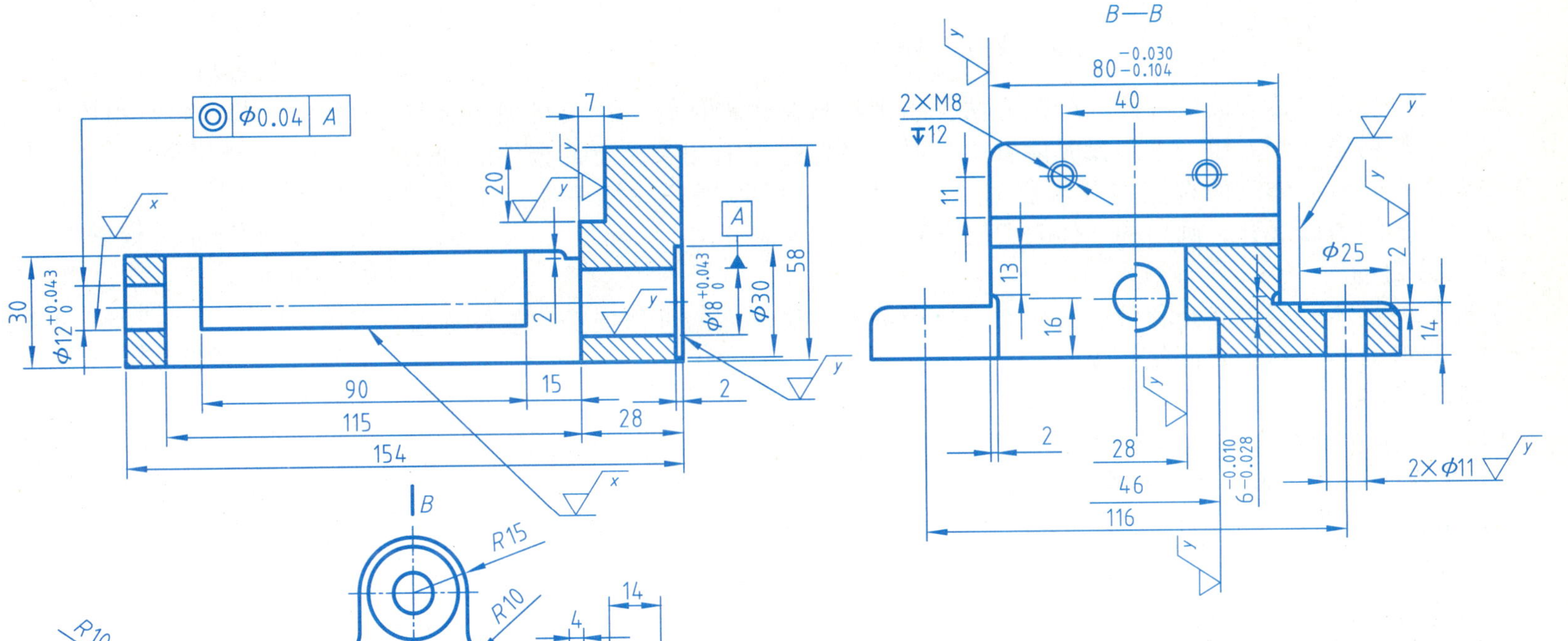

B
R15
R10
R10
14
4
75
B

x = Ra 3.2
y = Ra 12.5
= (√)

固 定 钳 身			比例		件号	1
			材料	HT200	数量	1
制图	（签名）	（年月日）	班号		学号	
审核						

第 11 章　表面展开图

实践指导

本章主要学习立体表面展开图的绘制方法。当用板材制作零件时，在板材加工过程中，展开下料精确、误差小，在焊接时能省工省时、降低材料消耗、提高钣金件的加工质量和生产率。将立体表面按其实际形状和大小，依次连续地展开并摊平在一个平面上，称为立体的表面展开，画出的立体表面展开图形，称为展开图。

1. 实践目的

掌握平面立体的表面展开和可展曲面展开，理解不可展曲面的近似展开，能够通过分析立体图形准确绘制其表面展开图。

2. 基本要求

1）掌握求作实长、实形的方法。

2）掌握平面立体表面展开图作法。

3）掌握可展曲面展开图作法。

4）理解不可展曲面的近似展开方法。

3. 实践的要点和方法

（1）平面立体的表面展开

1）棱锥的表面展开　棱锥表面展开采用放射线法。作棱锥展开图时，首先应确定各条棱线的实长及其相互之间的夹角，或者求出底面多边形每边的实长，即得各棱面的实形，依次将其展开在一个平面内。

2）棱柱的表面展开。棱柱的表面展开采用平行线法。从某棱线处断开，然后将棱面沿着与棱线垂直的方向打开并依次摊平在一个平面内，就得到了棱柱的展开图。作图时应当求出各条棱线之间的距离及棱线的各自实长，并且展开后各棱线仍然保持互相平行的关系。

（2）可展曲面的表面展开

1）柱面的展开。采用平行线法作出其展开图。它的展开图是一个矩形，矩形的一个直角边是圆面的展开线，即长度等于圆面周长的直线，另一直角边是圆柱管面上的某一素线，其长度等于圆柱管的高。

2）锥面的展开。可用放射线法求作圆锥的展开图。正圆锥面展开后为扇形，用计算方法可求出该扇形的直线边等于圆锥素线的实长，扇形的弧长等于底圆的周长 πD。

（3）不可展曲面的近似展开　采用近似展开法。即将不可展曲面分为若干较小部分，使每一部分的形状接近于某一可展曲面或平面，然后按可展曲面或平面进行展开。

4. 实践举例

例 11-1： 如图 11-1 所示，平面 P 截切三棱锥，试绘制截头三棱锥的表面展开图。

解： 经分析可知棱面均为四边形。由初等几何可知，仅知四个边长还不能作出四边形的实形。故展开时，仍需先按完整的三棱锥展开，再截去锥顶部分。

1）从投影可知，截棱锥底面为水平面，其水平投影 ab、bc、ca 反映各底边实长。棱线 SA 为正平线，正面投影 $s'a'$ 反映实长。其他两棱线 SB、SC 均为一般位置直线，可用直角三角形法求出其实长，为此，可作一个直角边 SO 等于各棱线两端点的 z 坐标差，在另一直角边上分别量取 $OB=sb$、$OC=sc$，斜边 SB 与 SC 即为两棱线实长，如图 11-1a 所示。

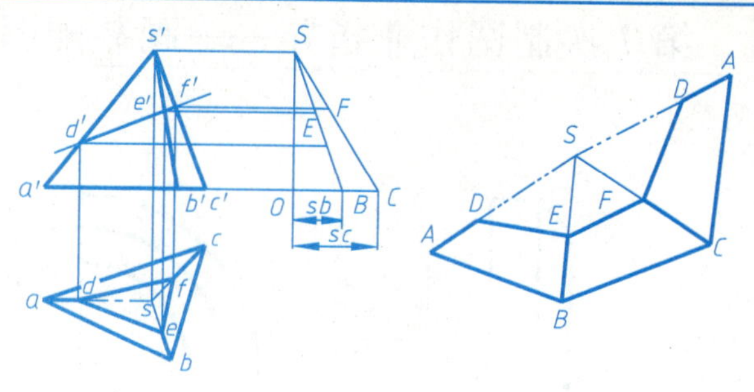

图 11-1

2）作完整三棱锥展开图，可从任一根棱线如 SA 开始，用已求出的三边实长画出 $\triangle SAB$，即得一个棱面实形。然后依次画出其余棱面的实形，即为三棱锥 S-ABC 的表面展开图，如图 11-1b 所示。

3）根据投影图上三点 D、E、F 的位置，求出 SD、SE、SF 的实长，然后量到三棱锥展开图对应的棱线 SA、SB、SC 与 SA 上，得点 D、E、F 和 D，把各点用直线连接，即得截头三棱锥的表面展开图。

例 11-2： 绘制图 11-2 所示平面截圆柱管形成的斜口圆管的表面展开图。

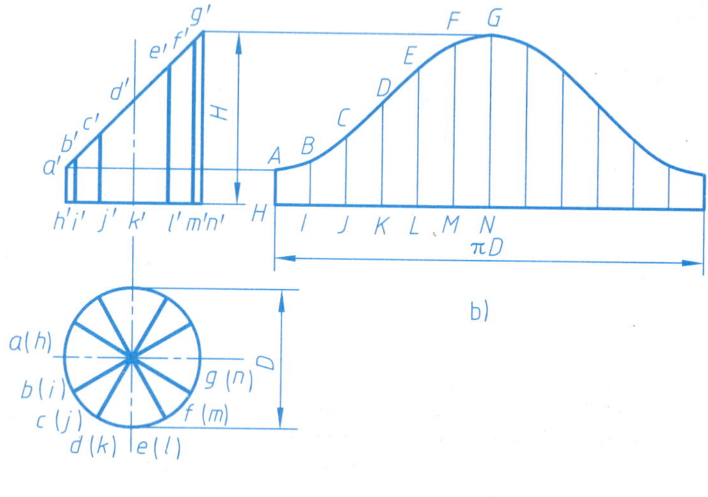

图 11-2

解： 1）把底圆分为若干等份，如图中分为 12 等份，对应有 12 条素线，如 AH、BI、CJ 等。

2）把底边展开成一直线段，其长度为 12 段弦长（如弦 hi、ji 等）之和，得各分点为 H、I、J 等，如图 11-2b 所示。也可取直线长为 πD，再 12 等分得各分点

3）过各分点作底边的垂线，如取 HA、IB、JC 等，并从正面投影上量取对应素线实长，如取 $HA=h'a'$、$IB=i'b'$、…，得 A、B 各点。

4）用曲线光滑连接 A、B、C 等点，即得斜口圆管的展开图。

实践内容

11.1 平面立体的表面展开

班级　　　　　　　　姓名　　　　　　学号

11.1-1　画出四棱台的展开图。

11.1-2　画出漏斗的展开图。

11.2-1　画出斜截口正圆锥管的相贯线与展开图。

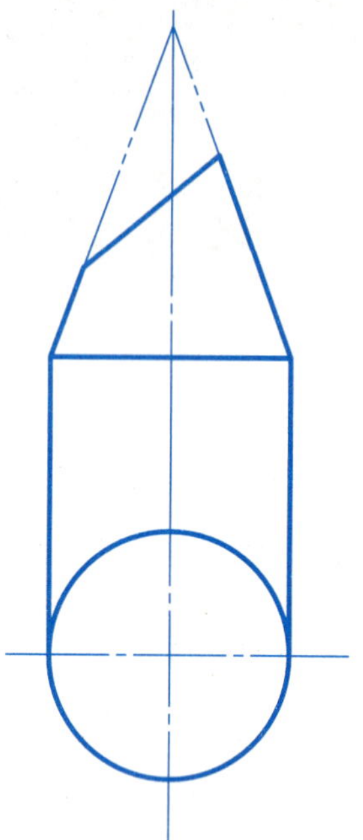

11.2-2　画出斜交异径三通管的相贯线以及相贯线的支管和主管的展开图。

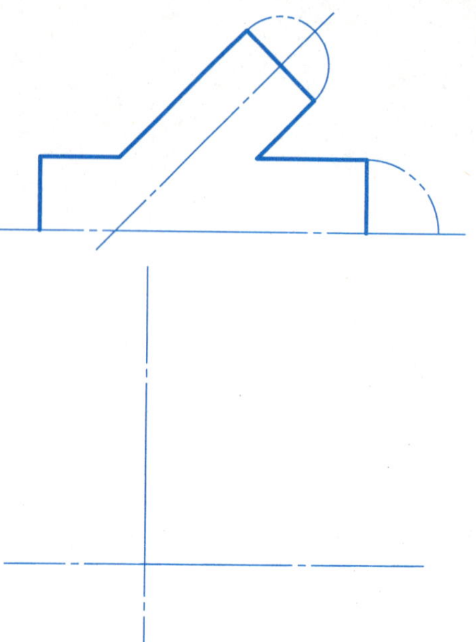

11.2-3　画出五节直角弯管中一个半节的展开图。

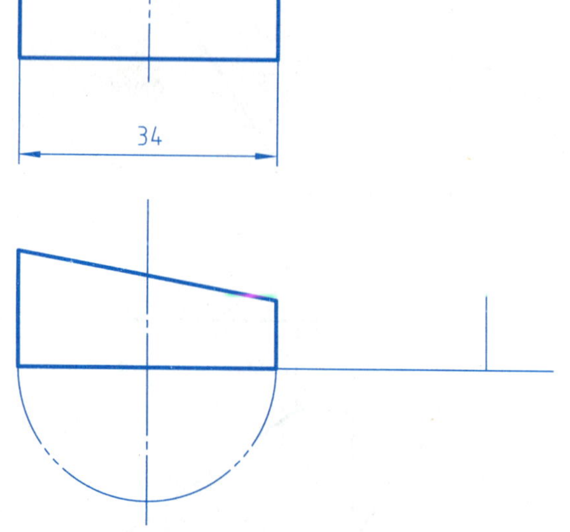

11.3-1　画出半球的展开图。

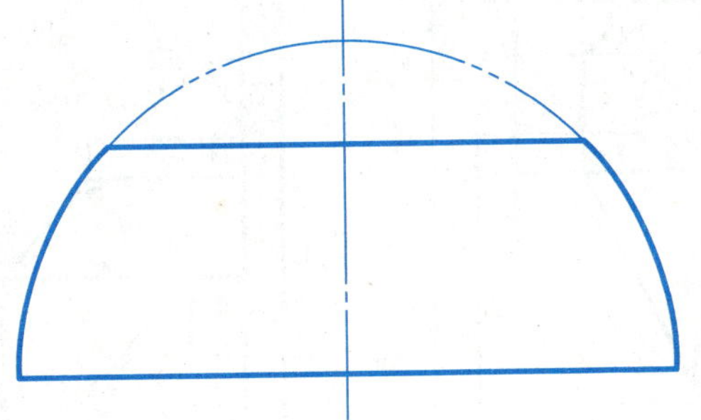

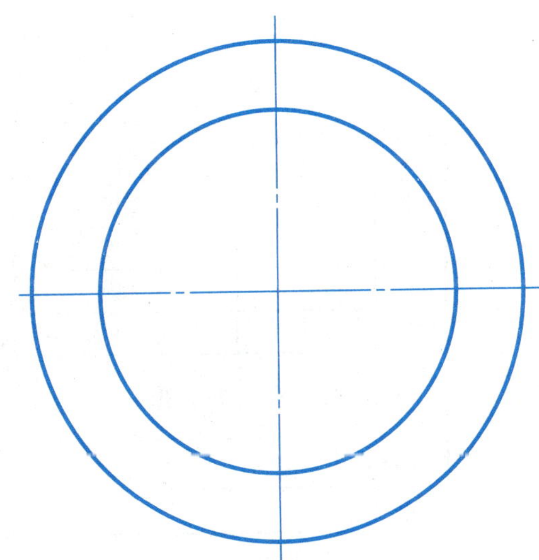

第12章 焊 接 图

实践指导

本章主要学习焊缝符号及其标注方法。焊接图是生产中比较常见的机械图样，是图示焊接加工要求的一种图样，所以它应将焊接件的结构和焊接有关内容表示清楚。为此，GB/T 12212—1990 和 GB/T 324—2008 规定了焊缝的画法、符号、尺寸标注方法和焊接方法的表示代号。

1. 实践目的

了解焊缝的图示法、焊缝符号、焊缝的标注方法，能够读懂焊接图。

2. 实践内容

1）熟练掌握焊缝符号。

2）理解焊缝符号在图样上的标注方法。

3）掌握焊接图的读图方法。

3. 实践的要点和方法

（1）焊缝的图示法　在技术图样中，一般按 GB/T 12212—1990 规定的焊缝符号表示焊缝。如需在图样中简易地绘制焊缝，可用视图、剖视图或断面图表示，也可用轴测图示意表示。

1）视图中，焊缝用一系列细实线段表示，也可以用粗线表示焊缝，该粗线宽度为轮廓线宽度的 2~3 倍。但在同一图样中，只允许采用一种画法。

2）在剖视图或断面图上，焊缝的金属熔焊区一般应涂黑表示，必要时可采用局部放大图表示焊缝。

（2）焊缝符号　当焊缝分布比较简单时，可以不必画出焊缝，只需在焊缝处标注焊缝符号。一般采用标准规定的焊缝符号来表示对焊缝的要求。焊缝符号一般由基本符号和指引线组成，必要时还可加上辅助符号、补充符号和焊缝尺寸符号。

（3）焊缝的标注方法

1）标注焊缝符号时，指引线的箭头应指向接头，可以指向焊缝的正面或反面。

2）基本符号相对于基准线的位置应符合规定。

4. 实践举例

例： 试读图 12-1 所示轴承挂架的焊接图。

解： 由图可知，该焊接件由四个构件焊接而成，构件 1 为立板，构件 2 为横板，构件 3 为肋板，构件 4 为圆筒。焊缝的局部放大图清楚地表示了焊缝的断面形状及尺寸。从图上所标注的焊接符号可知，主视图上有两处焊缝代号，分别表示立板与肋板采用焊角高度为 4mm 的双面角焊缝，和圆筒与立板采用焊角高度为 5mm 的周围角焊缝。左视图上有两处焊缝代号，一处表示立板与横板采用双面焊接，上面为单边 V 形平口焊缝，钝边高度为 4mm，坡口角度为 45°，根部间隙为 2mm，下面为角焊缝，焊角高度为 4mm（见局部放大图）；另一处表示肋板与横板及圆筒采用双面断续角焊缝，焊角高度为 5mm，焊缝长度为 10mm；焊缝间距 8mm，焊缝段数为 3。

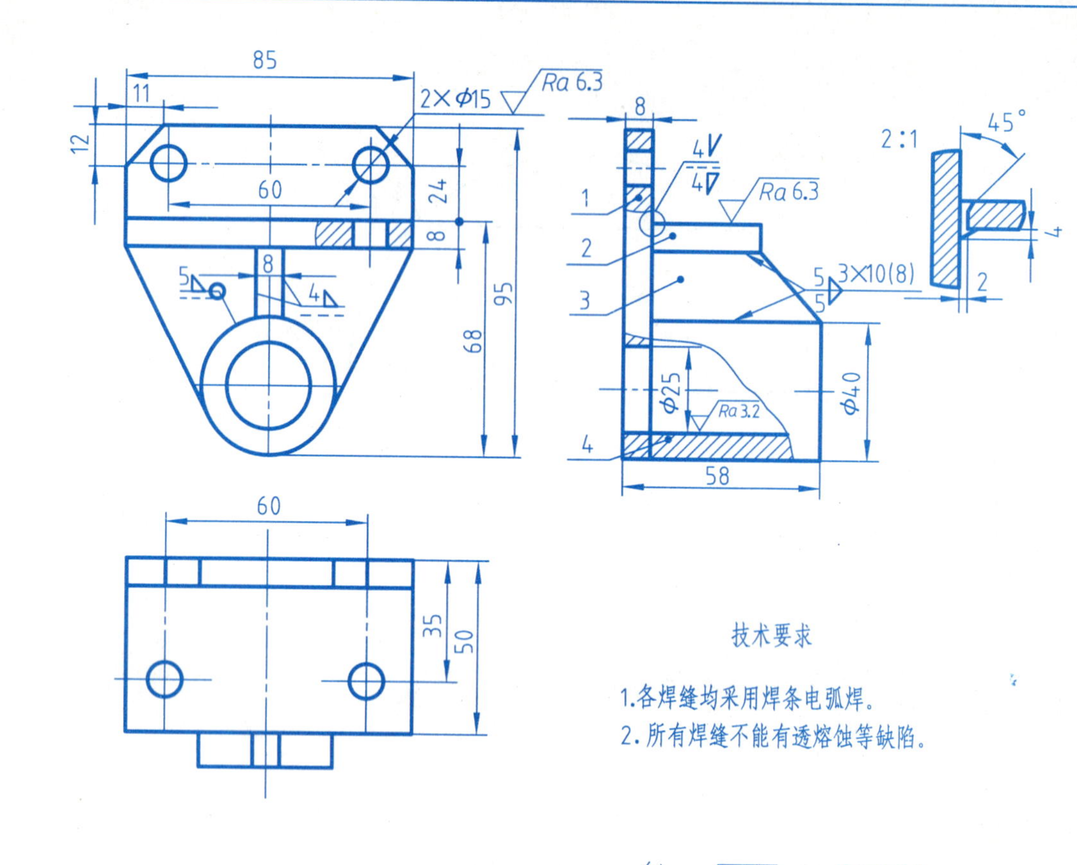

4		圆筒	1	Q235	
3		肋板	1	Q235	
2		横板	1	Q235	
1		立板	1	Q235	
序号	代　号	名　称	数　量	材　料	备　注

轴　承　挂　架		比例		图号	
		共　张		第　张	
制图		（校名）			
审核		班号		学号	

图 12-1

实践内容

12.1 焊缝的形式及画法

班级　　　　姓名　　　　学号

12.1-1 指出下图支架焊接符号的含义。

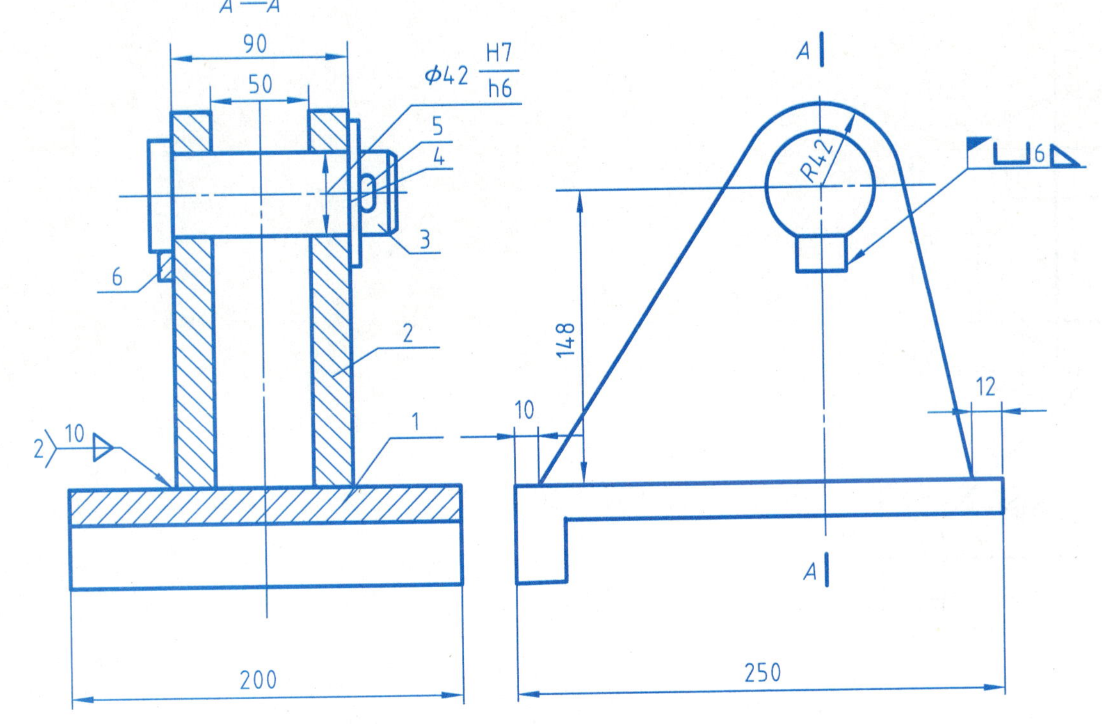

技术要求

1.全部焊缝均采用焊条电弧焊。

2.所有焊缝不准有不透、熔蚀等缺陷。

3.序号3、4、5、6可在总装时进行装配。

序号	代　号	名　称	数　量	材　料	备　注
6		钢板	1	Q235	
5		销 8×70	1	45	
4		垫圈 42	1	Q235	
3		销轴	1	Q235	
2		竖板	1	Q235	
1		底板	1	酚醛塑料	

支　架		比例		图号	
		共　张		第 1 张	
制图		（校名）			
审核		班号		学号	

12.2 焊接方法及代号

12.2-1 熔焊、压焊、钎焊三种焊接方法的特点是什么？

12.2-2 填空。

1）焊条电弧焊的数字代号为（　　　）。

2）埋弧焊的数字代号为（　　　）。

3）电渣焊的数字代号为（　　　）。

4）电子束焊的数字代号为（　　　）。

5）激光焊的数字代号为（　　　）。

6）氧乙炔焊的数字代号为（　　　）。

7）硬钎焊的数字代号为（　　　）。

8）点焊的数字代号为（　　　）。

12.3 焊接的标注

班级　　　　　　　　姓名　　　　学号

12.3-1 下图为一支座的焊接图，指出焊缝标注的含义。

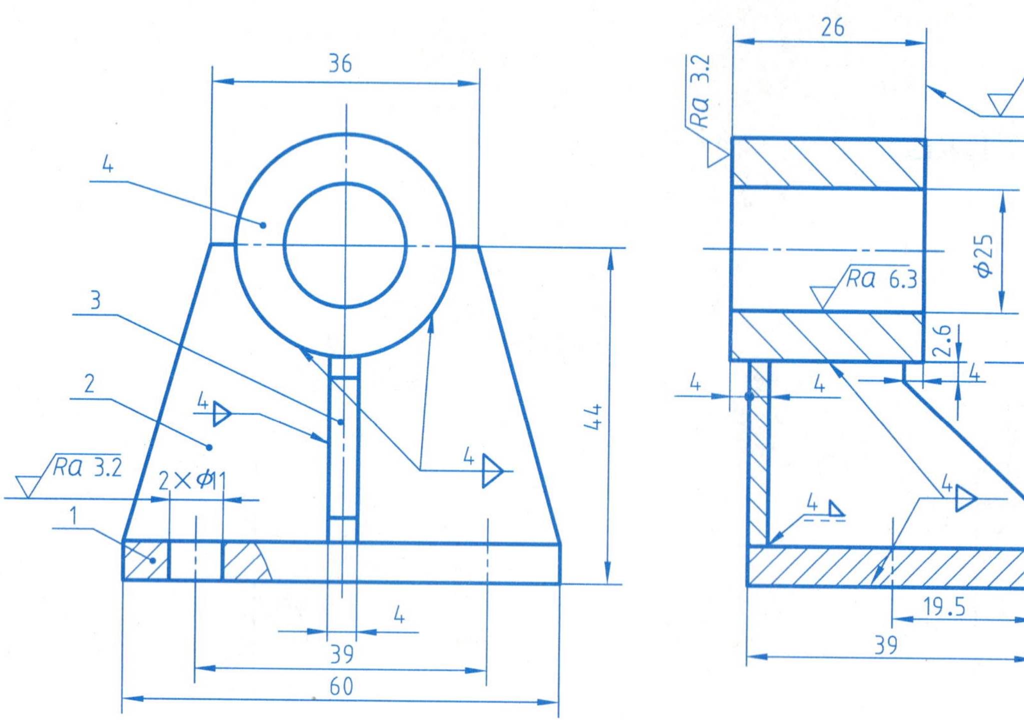

√(√Ra 6.3 √Ra 3.2)

技术要求

1. 本构件焊接后应先整形再加工轴孔、底平面及安装孔。
2. 全部采用焊条电弧焊。

4		轴承	1	Q235	
3		肋板	1	Q235	
2		支承板	1	Q235	
1		底板	1	Q235	
序号	代　号	名　称	数量	材　料	备　注

支　座		比例		图号	
		共　张		第1张	
制图		(校名)			
审核		班号		学号	

参考文献

[1] 钱可强，何铭新. 机械制图习题集［M］. 6版. 北京：高等教育出版社，2010.
[2] 张绍群，王翠琴. 机械制图习题集［M］. 2版. 北京：机械工业出版社，2010.
[3] 王琳，朱建霞，姚勇. 工程制图习题课教程［M］. 3版. 北京：科学出版社，2011.
[4] 刘虹. 现代机械工程图学解题指导［M］. 北京：机械工业出版社，2011.
[5] 王巍. 机械制图习题集［M］. 2版. 北京：机械工业出版社，2011.
[6] 朱家俊，杨中芳，陈海雷. 机械制图习题集［M］. 南昌：江西高校出版社，2011.
[7] 王兰美. 画法几何及工程制图习题集［M］. 北京：机械工业出版社，2006.
[8] 刘小年，杨月英. 机械制图习题集［M］. 北京：高等教育出版社，2007.
[9] 张绍群，王慧敏. 机械制图习题集［M］. 北京：北京大学出版社，2007.
[10] 杨世平，戴立玲. 工程制图习题集［M］. 北京：北京大学出版社，2006.
[11] 全腊珍，张淑娟. 工程制图习题集［M］. 北京. 中国农业大学出版社，2010.
[12] 张晓芹，崔淑杰. 画法几何与土木工程制图习题集［M］. 北京：机械工业出版社，2012.
[13] 赵增慧. 工程制图习题集［M］. 北京. 中国石化出版社，2007
[14] 李文. 机械制图习题集［M］. 天津：天津大学出版社，2009.
[15] 金大鹰. 机械制图习题集（少学时）［M］. 北京：机械工业出版社，2011.
[16] 田凌，许纪旻. 机械制图习题集［M］. 北京：电子工业出版社，2012.
[17] 孙建东，刘平，王泽河. 机械制图习题集［M］. 北京：北京航空航天大学出版社，2008.
[18] 杨惠英，王玉坤. 机械制图习题集［M］. 2版. 北京：清华大学出版社，2010.
[19] 金大鹰. 机械制图习题集［M］. 3版. 北京：机械工业出版社，2010.
[20] 贺得飞，张毅. 机械制图习题集［M］. 北京：北京理工大学出版社，2012.
[21] 唐春龙，机械制图习题集［M］. 北京：机械工业出版社，2009.
[22] 王兰美，殷昌贵. 机械制图习题集［M］. 2版. 北京：高等教育出版社，2010.